# 超有趣！

## THE KITCHEN SCIENCE COOKBOOK

## 厨房里的
### 科学魔法小实验

# 超有趣！

## THE KITCHEN SCIENCE COOKBOOK

# 厨房里的
# 科学魔法小实验

[英] 米歇尔·迪金森　著

金悄悄　译

重庆大学出版社

献给未来世界的
问题解决者

保持好奇！

# 目录
# CONTENTS

目录
CONTENTS

作为一名工程师和科学传播者，我经常遇到这样的情况，人们告诉我，他们希望自己也能"擅长科学"。他们对"科学"的理解往往与他们的学校经历有关——他们把科学看作是他们曾经学习过的一门学科，而不是一种生活方式。

一位带着孩子来参加我们"科学秀"的母亲，对我说了同样的话，她递给我一个为我们团队烘烤的蛋糕。事实上，她就是某种意义上的科学家。她可以按照菜谱调整自己的烹饪方式，从而解决问题或影响结果——她只是没有那样想。

那次谈话是这本书的灵感来源，也是三年研究的开始。

利用我在实验室中积累的科学知识，我在家里的厨房待了三年，尝试了不同的实验。经过大量的尝试和改进，我们在这本书中整理了这些实验中的前 50 个，每一个食谱都非常容易学习，就像你在任何一本食谱书中发现的那样。

这本书里的实验并不难。你不需要以前的科学经验，只需要家里常见的原料和工具。

这本书里所有的食谱都可以全家人一起完成。大家可以探索物理、化学和生物的世界，同时也可以学习到对未来工程师至关重要的建筑和建造技能。

科学家和工程师是我们这个世界的问题解决者。这本书的目的是以一种有趣的方式帮助孩子们掌握这些技能，有时甚至可以让孩子们直接享用他们的实验成果！这本书是带着使命问世的。我们相信科学应该为每个人服务，为此，我们向世界各地的家庭、学校和慈善机构捐赠了成千上万本这样的书，不然他们就没有机会以这种方式探索科学。

要成为一名科学家，你不需要任何资格证书——只要有好奇心，愿意尝试，偶尔犯错……而错误通常是你能学到最多东西的地方！

我希望这本书能激励你进一步探索科学。我们乐意为你设计和测试这些食谱！

*Michelle*

米歇尔·迪金森博士

这本书共有**50份食谱**，每一份食谱都是一个**科学实验**。你用**厨房里常见的原料**就可以完成。

每份食谱都包含一个简单的介绍，解释这个实验的目的，还有一些图标来说明重要的细节，例如哪份食谱可以食用，哪份食谱需要定时，或者是其他任何你需要注意的安全事项。工具和原料详细列出了你完成这份食谱所需的所有东西，实验步骤里列了完成这项实验需要的所有步骤。

在开始做实验之前，问一下你自己，你认为在这个实验里会发生什么，为什么会发生。科学家们把这个过程叫作假设，就是在真正做实验之前对实验结果进行预测。用笔记本记下你的假设会有所帮助，同时也记录下你在实验中的观察结果。

科学研究的过程和结果一样激动人心！

每一个步骤完成后都暂停一会，在做下一步之前观察实验对象是否有变化，有时候当你加入不同的原料，颜色、温度、结构或者气味会发生改变。

每个实验的"背后的科学"部分能帮助解释实验结果。但是，请记住，不同品牌的原料可能会导致实验现象有所不同，所以有些食谱需要做轻微调整或者进行更进一步的实验。

完成食谱后，再回头和你的假设做对比，看实验结果是否和你预期的一样。

如果你把食谱弄错了，或者实验结果和你预期的不一样，不要着急。这也是科学家常遇到的事。发现错误和检查步骤是解决问题的关键部分。有时在实验室里因犯错产生的东西反而会成为世界上最好的发明。

食谱里的"更进一步"部分是为了让你们更好地理解食谱的原理。里面有时会提供做额外实验的建议或难题，帮助你了解实验过程的变量是如何改变实验结果的。

一般来说，我们按实验的难易程度来安排食谱，从最简单的食谱开始，排在越后面的食谱往往越难。

书里的图标可以给你有用的指导和重要的安全信息。

# 厨房科学的基本规则
## BASIC RULES

**为了保证安全，也为了让你们喜欢这本书里的所有食谱，遵守一些厨房烹饪的基本规则是有好处的。**

1. 在接触任何食物或其他材料前，用肥皂和温水洗手。很多食谱做来的东西是可以吃的，所以保持双手干净很重要，只有这样，大家才能放心品尝这些美味的实验成果。

2. 穿上围裙，卷起袖口，如果你是长头发，还要把头发绑起来，防止头发碰到工具，也避免头发掉到食物里。

3. 在按照食谱开始做之前，从头到尾认真地阅读食谱，保证你有所有的原料和工具齐全。

4. 为了确保实验成功，请仔细称量每一种原料。可以查阅这本书的"称量和转换"部分。

5. 无论是在厨房还是在实验室，计时器都是一个有用的工具，很多智能手机都有计时器功能。

6. 接触热锅或者烤盘时，一定要小心，戴上隔热手套，防止手被烫伤。

7. 当你完成实验后，不要忘记清理，收好工具。一个整洁的实验室才是安全的实验室。

## 热和火焰

### 安全准则 SAFETY

这本书里有些食谱需要用到烤箱、炉子或者明火加热。

我们建议父母和看护人确保孩子们在做任何需要加热的实验之前先熟悉安全守则。

所有这些实验都需要成人的监督。

在做这些实验时，不要穿过长或宽松的衣服，保证把长头发扎起来。

### 烤箱安全守则

一定要戴耐热的烤箱手套，端热烤盘时一定要小心。

打开烤箱门时人要站在旁边，防止被热气灼伤脸。

### 炉子安全守则

确保所有平底锅的把手都转向一边，降低平底锅从炉子上掉下来的风险。

不要把平底锅放在无人看管的地方，也不要往锅里倒太多液体，因为液体在平底锅中很容易沸腾。

在搅拌锅里沸腾的液体时要小心，因为上升的水蒸气会烫伤人。使用长柄勺子可以避免烫伤。

当你要端热锅时一定要戴耐热手套。在实验结束后，用冷水冲洗锅，防止其他人在锅还热的情况下碰到锅。

### 微波炉安全守则

确保使用的是微波炉安全的塑料和玻璃器皿，在微波炉里不要用金属箔纸包裹食物。

当要从微波加热过的液体上取下盖子时，要小心逸出的蒸汽，这些蒸汽很容易将人灼伤。

从微波炉中取出物品时要戴上耐热手套——碗和盘子底部可能会很热，即使它们顶部似乎很凉。还要注意在微波炉中加热的液体，因为它们很容易沸腾。

### 明火安全守则

在点燃蜡烛或气体前，移走所有的可燃物品，并确保屋里没有风。

使用明火时一定要有人看管，无论是用长火柴还是打火机点燃蜡烛，都要有一个成年人在场。

保证蜡烛有一个坚固的底座，防止蜡烛倒下。必要的话，保证手边有一碗冷水，可以随时浇灭不受控制的火焰。

无论是在厨房还是实验室，安全都是非常重要的。这本书里的有些食谱需要用到剪刀、刀具、擦菜器和搅拌机。这些工具都需要小心使用，特别是孩子。

以下是这些工具的详细安全使用建议。如果你是父母或者是看护人，也许你已经知道了。但我们强烈建议所有的小科学家们在开始做任何实验之前都学习这些安全守则。

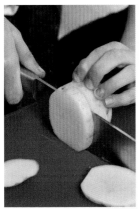

### 刀具

洗干净并擦干双手，这样使用刀具时就不会手滑了。孩子们使用尖锐工具时都要有成人监督。

当教孩子拿刀时，鼓励他们使用"捏握法"——用拇指和食指紧紧握住刀柄末端两侧，这有助你拿稳刀。然后，变换到"指针握柄"——食指沿着刀的顶部放置，以帮助手拿稳刀。

一定要牢牢按住被切的物体，手指远离刀口。也可以用抓握的方式，即用手指甲抓住物体，这样可以降低手指被划伤的风险。

### 剪刀

在教孩子使用剪刀时，先教他们如何正确地拿剪刀——拇指放在剪刀的上孔，食指和中指放在下孔。在教孩子们如何从大面积的纸张剪下所需的形状时，采用前屈姿势，连续地剪下轮廓。孩子们会以不同的速度发展精细动作技能，所以重要的是，要教每一个孩子与其发展相匹配的技能，并帮助他们完成更复杂的剪切任务。保证孩子熟悉正确的剪刀使用方式，当把剪刀递给他人时，用拳头把刀锋收起来，手把朝外伸出。

### 擦菜器

擦菜器和刀一样锋利，使用时要缓慢小心。保证物体足够大，不要把物体摩擦到只剩一点点。教孩子把要摩擦的物体推到刀刃上，确保他们的手指和指关节都收好，以免被擦菜器弄伤。

### 搅拌机

搅拌机有锋利的叶片，所以在最初安装叶片时要小心。

使用搅拌机之前要擦干双手。解释一下，搅拌机在工作时盖子必须盖上，并且里面不能有勺子或抹刀。

按照食谱进行科学实验前需要仔细称量所有的原料和化学物质。

在烹饪中，不同的国家使用不同的计量单位——如英制或米制。

在科学领域，全世界都使用一种被称为国际单位制（通常缩写为 SI 单位制）的标准化测量系统。

## 称量

当你用量杯量取大量液体时，眼睛要与杯中液体保持同一水平。

量取少量的液体时可以用量匙。

在称量干性物质时，使用称重秤，确保你已经将空的测量容器放在天平上，使天平归零。对于少量的干性物质，使用量杯或勺子。确保你在杯子或勺子里装满了原料，然后用刀背或抹刀把它们抹平。

## 缩写词

tsp = 1 茶匙的量

Tbsp = 1 汤匙的量

cm = 厘米

m = 米

in = 英寸

ft = 英尺

g = 克

mL = 毫升

在这本书中，我们将提供一般体积和重量测量的近似转换。以下是一张近似换算表，供你参考：

## 液体

5 mL = 1 茶匙

15 mL = 3 茶匙 = $\frac{1}{2}$ 液盎司

60 mL = 4 茶匙 = $\frac{1}{4}$ 杯

120 mL = 4 盎司 = $\frac{1}{2}$ 杯

250 mL = 8 液盎司 = 1 杯

480 mL = 16 液盎司 = 1 品脱

1 L = 2 品脱 = 1 夸脱

4 L = 128 液盎司 = 1 加仑

## 固体颗粒原料（糖、面粉）

4 g = 1 茶匙

12.5 g = 3 茶匙 = 1 汤匙

200 g = 1 杯

## 温度

140 ℃ = 275 华氏度

150 ℃ = 300 华氏度

170 ℃ = 325 华氏度

180 ℃ = 350 华氏度

190 ℃ = 375 华氏度

200 ℃ = 400 华氏度

220 ℃ = 425 华氏度

230 ℃ = 450 华氏度

240 ℃ = 475 华氏度

科学家们通常会在实验中做笔记，记录他们的研究和结果。

科学方法通常涉及科学家提出问题，然后记录实验过程中观察到的现象。

用笔记本记录实验是一个很棒的方式，你可以写下实验发生的变化，你在科学笔记本可以回答的问题包括：

### 你是在哪一天什么时间做的实验？

这可以帮助你完成那些需要很长时间才能完成的实验，如"冰糖"，或需要时间才能定型的实验，如喷发的"火山"或能吃的"蚯蚓"实验。

### 你对这个实验有哪些问题？

例如，你可以问："如果我在牛奶里加醋会发生什么？"或"食用色素需要多长时间才能溶解？"

### 你认为实验中会发生什么？

这是科学家们称作假设的部分，通常是基于你对原料的了解，猜测可能会发生什么。

例如，如果你知道牛奶会凝结，你可能会猜到醋会使牛奶凝结。

### 你的实验中发生了什么？

把你的实验结果写下来或画个草图，记录下你观察到的情况。

### 实验结果和你预期的一样吗？

一切都按计划进行了吗？如果没有，为什么没有？有没有什么东西你可以改变以得到不同的结果？

### 实验结果符合你的预期吗？

结果和你的假设有多接近？是否符合你的预期？

### 你的结论是什么？

你认为你的实验中发生了什么？

### 下次你会做什么？

在实验中你可以做些什么来验证你的假设呢？

通过记录你的食谱实验，当你尝试其他实验时，你可以将其作为参考，有时你会发现科学是相互联系的。

# 过敏和
# 敏感信息
## ALLERGIES & SENSITIVITIES

无论是出于个人选择、心理敏感还是身体过敏，本书中的一些食谱可能并不适合所有人。

因为一些食谱中会用到明胶作为交联剂，明胶是从动物身上提取出来的物质，因此可能不适合素食主义者，不过有几种替代品。根据需要，洁食明胶或素食琼脂粉的用量可以与所有食谱中的标准明胶用量相同，卡拉胶（爱尔兰苔藓）也可以用作明胶替代品，28 g 卡拉胶代替 1 茶匙明胶。

"袋子里的面包"会用到含有面筋的白面粉，其他所有的食用食谱都使用无面筋的玉米粉 / 玉米淀粉。

"牛奶坚果"中含有坚果，"糖果蜡烛"中含有乳制品，包括牛奶和奶油。

"牛奶雕塑""速食冰淇淋""自制黄油""美味的泥浆""微波奶酪"和"能吃的蚯蚓"都用到了乳制品。在"能吃的蚯蚓"实验里可以不用奶油，这只会改变实验结果的不透明度。

唯一使用鸡蛋的食谱是"有趣的泡沫雪糕"。

# 图标说明

## LOOK FOR THESE ICONS

 火：这个实验需要加热才能完成——明火或者微波炉，烤箱或者传统的炉灶。当孩子和加热源接触时需要成人监督。必须采取适当的护理措施，例如戴上耐热手套，以降低烫伤风险。建议在使用热源的时候，特别是在使用明火的时候，把长发绑起来。

 尖锐物品：这个实验需要用到尖锐工具，包括刀具和剪刀。孩子们用这些尖锐工具时需要成人监督。在开始制作这些食谱前请阅读这本书"尖锐物品安全守则"部分的建议。

 可食用的：这个实验的最终产物是可吃的。如果你想吃掉它，在准备过程中，请像在普通厨房一样，对食品安全给予应有的注意。如果你有过敏历史或者可能食物过敏，请认真检查原料。

 户外：这个实验需要阳光以及较大的公共区域，否则可能会很混乱。我们建议你在安全的户外空间进行实验。

 需要时间：完成这个实验需要比其他实验更长的时间，通常原料需要静置、干燥等步骤。

第一部分

颜色
实验

COLOURFUL EXPERIMENTS

# 五彩的花朵
## COLOURED FLOWERS

这个有趣的实验可以把花朵变成任何你想要的颜色，还能告诉你植物"喝水"有多快。

### 工具和原料

· 剪刀
· 玻璃罐或玻璃杯
· 白色花朵

· 不同颜色的食用色素
· 水

### 实验步骤

1. 往玻璃罐或玻璃杯里倒入约 $\frac{3}{4}$ 的水。

2. 在每个罐子或杯子里加入 10~20 滴食用色素，一个罐子一种颜色。

3. 用剪刀小心地以 45° 斜着切开花朵的茎部，这样能让切口的表面积最大。

4. 在每个玻璃罐里放入一朵白色花朵，每隔几个小时观察花瓣是否变色。

### 背后的科学

　　植物通过它们的茎部吸取水分，这个过程叫作蒸腾作用。水从植物体内流过，最后会通过植物叶片和花朵的气孔蒸发到空气里。当水蒸发后，植物体内就会产生压力差，这可以帮助植物吸取更多的水分。类似地，用吸管吸水也是相同的道理，我们吸吮吸管时产生压力差，使得水通过吸管往上流。一般情况下，因为花朵总是放在水里，而水又没有颜色，我们看不到水从植物身体里流过。但是，在水里加了色素就可以追踪水在植物体内流过的路径。

　　把花朵放置在有颜色的水里几天后，我们会看到花瓣上的颜色深浅不一致，颜色越深的地方，蒸腾作用就越强。

### 更进一步

» 实验结束后，把花朵的茎部纵向切开，观察茎部里面是否含有食用色素。

» 试着把不同的罐子放在不同的地方，比如说阳光充足的窗台上，或者黑漆漆的柜子里，或者潮湿的浴室里，观察哪种情况下花朵的颜色最深。以此来研究影响花朵蒸腾速率的因素。

» 通过这个实验你可以知道植物"喝水"有多快吗？

玻璃杯里的 **彩虹** GLASS RAINBOWS

阳光包含了彩虹所有的颜色，试着用一杯水来探索光的折射。

### 工具和原料

· 水

· 透明的无色玻璃杯

· 白纸

· 晴朗的天气

### 实验步骤

1. 往杯子里倒水，装至约 $\frac{3}{4}$ 处。

2. 把白纸放在窗户附近的平面上。

3. 把装有水的杯子放到白纸上，再慢慢地拿起杯子，使杯子远离纸面。

4. 认真地观察穿过水照射到白纸上的光线，你能看见有彩虹颜色的光吗？

5. 试着往杯子里加水，增加杯子里水的高度，让水面保持在纸面上方，你能看见更多颜色的光吗？

### 背后的科学

雨过天晴时，天上会出现弧形的彩虹。

除了天空，其他地方也会出现彩虹。太阳光由白光组成，而白光是由所有颜色的光等量混合成。

光在水里的传播速度比在空气里的传播速度慢。当太阳光从天空射下来，它在空气里传播得快，在雨滴里传播得慢。每种颜色的光有不同的波长，它们会在穿过水时发生折射。因为不同波长的光弯折程度不一样，所以我们才能看到分离出来有颜色的光。

当太阳光穿过玻璃杯里的水时，它也会弯折，或者叫作折射，分离出的光能通过白纸看到。能看到几种颜色取决于太阳光的强度和聚焦程度，有时能看见所有颜色的光，即红橙黄绿青蓝紫，有时只能看到部分颜色的光。

### 更进一步

» 你能用火把或者手电筒的光来制造彩虹，而不是用太阳光吗？

» 如果你将一面镜子以一定的角度放在玻璃里以吸收更多的阳光，会发生什么？

» 如果你用纸盖住窗户，只留一条细细的缝让光穿过玻璃杯，这会改变彩虹的强度吗？

# WICKING WATER
## 水的毛细作用

水通过毛细作用（吸收或排出液体）从一个杯子流到另一个杯子，创造出一件漂亮并且不断变化的艺术品。

## 工具和原料

· 6 个大口的小瓶子或玻璃杯
· 6 张纸巾
· 剪刀
· 3 种不同颜色的食用色素

## 实验步骤

1. 将每张纸巾沿长边对折两次，形成一条窄纸条。
2. 将杯子排成一个圈，把纸巾的末端放进杯子底部。
3. 折叠纸巾，使纸巾能够放在杯子的开口部位又能接触到相邻杯子的底部，根据你所用的杯子高度，可以适当修剪纸巾的长度。
4. 重复上一步骤，直到每个杯子都通过纸巾连接在一起。
5. 每隔一个杯子滴加几滴食用色素，倒入水，其余的杯子什么也不加。
6. 观察有颜色的水通过纸巾毛细作用流到相邻的空杯子里。
7. 在一些空杯子中，两种颜色最终会混合在一起，生成新的颜色。
8. 实验结束后，把纸巾展开放到太阳下晾晒，你会得到一件美丽的科学艺术品。

## 背后的科学

纸巾可以吸收液体，这就是为什么它们常用来清理厨房里的溢出物。水通过一种叫作毛细作用的过程在纸巾上流动。

毛细作用是指液体在微小空间里不顾重力作用而向上流动的现象。纸巾实际上是由植物的纤维素纤维制成的。

在这个实验里，水通过纸巾里纤维素纤维之间的细小间隙向上流动，在这里，纤维素纤维就像毛细管那样，使液体通过纸巾从一个杯子流进相邻的杯子里。食用色素能让我们观察到水的流动路径。你可以通过观察每种颜色在中间混合的程度来判断哪种液体流动得更快。

## 更进一步

» 如果你把纸巾卷成管状而不是折起来，会发生什么？
» 你认为这是为什么？
» 如果实验中用温水替代冷水，实验结果会改变吗？
» 高脚玻璃杯和矮脚玻璃杯相比，吸水时间长还是短？
» 杯子的高度会有什么影响呢？

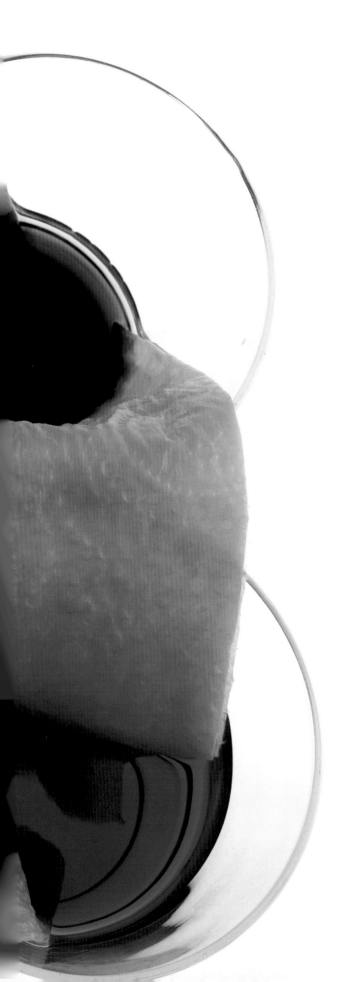

有颜色的水
通过毛细作用力
在纸巾上流动

# 牛奶雕塑
## MILK SCULPTURES

这个实验将两种液体转化成一种很像橡皮泥的材料，你可以把它捏成任何形状。

### 工具和原料

· 筛子
· 勺子
· 纸巾

· 碗
· 1 杯牛奶
· 15 mL（1 汤匙）白醋

### 实验步骤

1. 用炉子或微波炉加热牛奶，但不要煮沸。
2. 往牛奶里加醋，并用勺子剧烈搅拌 1 分钟，你会发现牛奶结块了。
3. 把牛奶混合物倒进筛子里，挤干液体。
4. 把滤过的牛奶块放在筛子里，直到它们凉到可以用手摸为止。
5. 用勺子把牛奶块舀到纸巾上，用纸巾压一压，吸干剩余的液体。
6. 将牛奶块捏成任何你喜欢的形状，然后把它放在温暖干燥的地方，让它硬化成固体的牛奶雕塑。

### 背后的科学

　　牛奶里有一种蛋白质叫酪蛋白，当加入酸性物质时，如醋，它会改变牛奶的 pH 值，也就是酸碱度。酸度变化会导致酪蛋白分子从缠结的结构展开成长链结构。在食品领域，这个过程也被称为凝乳。长长的酪蛋白分子连接在一起，形成一种叫作聚合物或塑料的材料。聚合物是柔韧的固体，很容易成型，待其干燥后，就变得不那么柔韧，会硬化成固定的形状。

　　在 20 世纪，这样的工艺被用于制作装饰品，甚至被用于为英国玛丽女王制作珠宝。今天，酪蛋白聚合物被用来制作艺术家的颜料和某些胶水。

### 更进一步

» 这个实验是否适用于其他乳制品，比如奶油或酸奶？
» 你能不能用其他的酸性物质——比如柠檬汁——代替醋，来达到同样的效果？
» 你可以不做雕塑，试着用手掌压在盘子里的牛奶固体上，形成一个手掌印。

# 窗户贴纸
## WINDOW WOBBLERS

彩色玻璃可以把透明的窗户变成艺术品。在这个实验中，你可以使用交联技术创造自己的窗户艺术。

## 工具和原料

- 饮用吸管
- 浅盘子
- 饼干切割刀

- 牙签
- 抹刀
- 纸巾

- 15 g（$1\frac{1}{2}$ 汤匙）明胶
- 400 mL（$1\frac{3}{4}$ 杯）开水
- 食用色素

## 实验步骤

1. 把明胶加到开水中，搅拌直到溶解。

2. 把明胶水倒进托盘里，在冰箱里放置 4 小时。

3. 一旦明胶凝固，用吸管在凝胶上打几个洞。如果需要的话，可以用牙签去除吸管洞里的凝胶。

4. 在新挖出的洞里加一滴食用色素。让明胶在冰箱里再放置 4 小时，这期间需要经常查看明胶的着色情况。

5. 用饼干刀把明胶切成各种形状。用抹刀小心地把托盘上切好的明胶取下来。

6. 用纸巾擦干明胶表面，去除上面残留的食用色素，然后把它们贴在窗户上，每一块明胶用手按压几秒钟，直到它们粘在窗户玻璃上。

7. 观察明胶的变化，因为明胶里的水会在几天内蒸发掉。

8. 变干后，把明胶从窗户上剥下来，在水里浸泡几个小时，给明胶补充水分。

## 背后的科学

窗户贴纸利用明胶能从液态转变成固体的性质。明胶也能吸水，你可能注意到在明胶上挖洞后不久食用色素会扩散出洞外，在明胶里扩散得更深。这是因为在扩散过程中分子从高浓度的地方移动到低浓度的地方。有些明胶区域食用色素浓度很高，这些高浓度色素会扩散到其他浓度较低的明胶区域。

既然窗户贴纸的成分大多是水，当被阳光照射久了，窗户贴纸上的水就会蒸发，贴纸就会变薄变硬。把贴纸放到水里，贴纸会吸收水，又可以粘到窗户上去。

## 更进一步

» 你能测量出食用色素从吸管打的洞扩散出去的速度吗？随着时间的推移，速度是加快还是减慢？

» 被阳光照射的强度是否会改变窗户贴纸水分蒸发的速度？你能测量出这种差别吗？

» 凝胶在温水还是冷水里吸水效果更好？你为什么这么认为呢？

DENSITY DISCS

学习平衡不同密度的液体，像搭积木一样，一层一层地叠加液体，创造漂亮多彩的堆积科学，惊呆你的小伙伴们。

## 工具和原料

· 饮用吸管

· 4 个高高的无色玻璃杯

· 汤匙

· 热水

· 食用色素，最好有四种不同的颜色

· 糖

## 实验步骤

1. 把 4 个杯子排成一条直线，第一个杯子不加任何东西，在第二个杯子里加入 15 g（1 汤匙）糖，第三个杯子里加入 30 g（2 汤匙）糖，第四个杯子加入 60 g（4 汤匙）糖。

2. 每个杯子加 3 滴食用色素，最好是一个杯子一种颜色。如果没有四种颜色，你可以混合色素来产生不同的颜色。

3. 在每个杯子里倒入 60 mL（4 汤匙）热水，搅拌溶液直到糖全部溶解。

4. 把吸管插到第三个杯子的底部，用手指盖住吸管顶部，吸住液体，把液体转移到第四个杯子。

5. 在第四个杯子里倒插一个汤勺，使汤勺的尖端碰到杯子的内侧边缘，略高于第一层液体。

6. 用吸管作为移液器，拿开压在吸管顶部的手指，让第三个杯子里的液体落到勺子后面的空间里。

7. 继续从第三个杯子转移液体到第四个杯子里，直到你能看见第四个杯子里出现一层新的液体。

8. 重复从第二个杯子移取液体，再从第一个杯子移取液体，直到你在第四个杯子里叠加了所有杯子里的液体。

## 背后的科学

密度是给定体积中有多少质量的一种量度。每个杯子都含有相同体积的水，但含糖量不同。当糖分子溶解在水中时，它们增加了水中的质量，从而增加了密度。水里的糖越多，混合物或溶液的密度就越大。密度低的液体能浮在密度高的液体上面，因此能根据密度不同堆积混合溶液。如果滴加液体太剧烈，两种液体可能就会混合，所以就需要勺子来减少液体倒入杯子的冲击力。吸管能一次转移少量液体，可以有效减少液体之间的作用力，促进堆积的成功。

## 更进一步

» 你能用其他溶于水的物质，比如盐，来生成密度圆盘吗？

» 如果你用冷水而不是热水会发生什么？这个实验会成功吗？

» 如果你搅拌这个密度圆盘会发生什么？密度圆盘会回到原来的状态吗？为什么你会这么认为？

不同密度的液体可以按照密度大小一层一层地堆叠，制造出炫丽的效果

棉花糖弹弓
MARSHMALLOW CATAPULTS

历史上，弹弓一直被用来将物体发射到城堡的墙壁上或越过墙壁，这种方法可以将势能转化为动能。在这个实验里，棉花糖制成的弹弓用到了相同的原理。

## 工具和原料

· 2 根松紧带或橡皮筋
· 1 个塑料勺子
· 纸胶带
· 7 根木制烤肉叉
· 5 颗大棉花糖

## 实验步骤

1. 用 3 根木制烤肉叉围成一个三角形，在三角形的每个角上插一颗棉花糖。

2. 在三角形的每颗棉花糖上竖着插上一根木制烤肉叉，然后把这三根叉子的尖端收到一起，形成金字塔形状。

3. 用橡皮筋固定这三根叉子，然后在金字塔形状顶端插一颗棉花糖。

4. 用胶带把勺子粘在最后一根叉子上。

5. 将勺子−叉子组合穿过金字塔的中心，将木制叉子一端放入金字塔前面的三角形棉花糖中，并将勺子端放在金字塔后面。

6. 把第二根橡皮筋放在金字塔的顶端，并把它圈在勺子下面，这样勺子就不会掉到地上或桌子上了。

7. 把棉花糖放在勺子的末端，并向后拉橡皮筋，然后松开！

## 背后的科学

　　弹弓可以把一种形式的能量转换成另一种形式的能量，也能把能量从一个物体转移到另一个物体。当勺子被橡皮筋拉直时，弹弓就注入了能量。能量以势能的形式储存在勺子和橡皮筋里。越往后拉勺子，储存的势能就越多。当勺子释放后，储存的势能就转化成动能（运动的能量），勺子被弹射出去，释放它里面储存的能量。这个能量从勺子转移到勺子里的棉花糖里，使棉花糖飞向空中。因为勺子和木制烤肉叉很长又能弯曲，它们就能作为杠杆，在棉花糖形成的金字塔里转动，用很小的力就能把弹出的棉花糖推出很远的距离。

## 更进一步

» 如果你减小勺子和烤肉叉的长度会发生什么？你为什么会这么想？
» 你能建造一个不是金字塔形状的弹弓吗？比如正方形或者长方形？
» 橡皮筋的长度对棉花糖飞翔有什么影响？
» 你能把棉花糖通过弹弓发射到桌子对面的碗里吗？

# 水箱里的
# FISH IN THE TANK

这个实验展示了我们的大脑是如何被错觉迷惑的，这种错觉让两张图片看起来像一张图片——鱼看起来像是在鱼缸里。

## 工具和原料

· 铅笔
· 白色卡片（把白纸粘在卡片上也行）
· 色彩笔

· 透明胶带或胶带
· 尺子
· 剪刀

## 实验步骤

1. 将卡片对折，从卡片的一条边上开始，用尺子画一个 5 cm×5 cm 的正方形。

2. 剪下画好的正方形，把对折后两张卡片的正方形都剪下，这样你就得到两个完全一样的正方形。

3. 用铅笔标出每个正方形的中心点。

4. 在一张正方形卡片上，用记号笔画一个大鱼缸，确保鱼缸的中心和卡片的中心重合。

5. 在另一张正方形卡片上，用彩色笔画一条色彩鲜艳的鱼，要比鱼缸小很多，而且鱼的中心要和卡片的中心重合。

6. 把这两张卡片放在一起，确保画上的图像要朝外，而且方向一样。

7. 用胶带把卡片的顶部、左右边缘粘在一起。

8. 将铅笔滑入卡片底部开口的中心，然后让胶带穿过开口，把铅笔固定在合适的位置。

9. 用两只手掌夹住铅笔，快速地搓手来旋转铅笔。

10. 当卡片旋转时，注意观察。如果你旋转得足够快，这两张图片看起来就像一张图片，鱼会出现在鱼缸里！

## 背后的科学

　　这个卡片和铅笔做成的小装备叫作西洋镜。当铅笔快速旋转时，卡片上的图片也随着快速旋转。当速度快到让大脑无法分辨时，两张图片看上去就像是一张图片。鱼和鱼缸的图片看上去就像鱼在鱼缸里。如果有几百张静止的图像按一定速度快速移动，我们的大脑会自动把它们连起来，形成一个连续的运动——这就是传统动画的制作方法。

## 更进一步

» 把铅笔转慢一点，记录下在什么速度下你还能看到这些独立的图像。

» 试着画不同的图像——比如一只鸟和一个鸟笼，或者一只蜘蛛和一张网。

» 如果你画的是更大的正方形，这个实验还能成功吗？

STRAW ROCKETS

# 吸管火箭

这个有趣的实验可以让你设计自己的火箭，同时也展示了质量和推力对火箭发射成功的重要性。

## 工具和原料

· 吸管
· 纸
· 铅笔

· 剪刀
· 透明胶或胶带
· 尺子

## 实验步骤

1. 剪一条 3~5 cm 宽的纸条。
2. 用纸条绕铅笔一圈，形成一个管，剪掉多余的纸条。用胶带把纸条形成的管固定好。
3. 从铅笔上取下纸条管，用胶带将纸条管一端折起并固定好。
4. 用剩下的纸剪出翅膀的形状，然后用胶带粘在纸条管的开口端，组成火箭。
5. 把火箭放在一根吸管的顶端，然后用力吹吸管，把它发射出去！

## 背后的科学

　　所有的火箭，无论是纸火箭还是碳纤维火箭，都依赖一些东西才能飞上天。当你把空气吹进吸管的一端时，它会试图从吸管另一端流出来。但是，因为火箭堵住了吸管的末端，所以你用力吹气，就能产生足够的力量把火箭从吸管的末端推出去，这样空气就可以通过吸管了。你吹得越猛，提供的能量就越多，火箭飞得就越远。

　　火箭的形状也很重要，因为空气阻力会使其减速。长而尖的形状比大而圆的形状阻力小，所以也能飞得更远。当火箭在空中飞行时，翅膀可以稳定火箭，帮助它保持平衡，减少它旋转或翻滚的可能，因此它可以飞得更远、更久。

　　最终，重力会把火箭拉下来。火箭越重，它飞一定距离所需的力就越大，所以诀窍是尽可能少用纸和胶带，但也要保证它们能粘在一起。

## 更进一步

» 当你改变火箭的飞行路径会怎么样？如果你朝上或者直接水平飞出去，它会飞得更远吗？你为什么这么认为？

» 给你的火箭再加一个翅膀。这对你的火箭飞行有什么影响？你认为额外的翅膀为什么会产生这样的效果？

» 你觉得你能做一个更大的火箭，比厨房的水管还大吗？它会像你吹吸管那样飞起来吗？

用你最喜欢的颜色，设计出属于你的火箭，享受制造火箭的乐趣！

# BALLOON SHUTTLE
# 气球穿梭机

利用牛顿第三定律，学会如何让气球在房间里快速穿梭。

## 工具和原料

· 长气球（圆形的气球也可以）

· 吸管

· 透明胶或胶带

· 剪刀

· 3 m 长的绳子或棉线

## 实验步骤

1. 把绳子的一端系在椅子、门把手或其他支撑物上。

2. 把吸管剪成两半，让绳子的一端穿过吸管。

3. 请另一个人握住绳子的自由端，拉紧绳子，或者把绳子系在椅子的上方。

4. 吹大气球，捏住气球口，不要让空气漏出来，但不用绑起来。

5. 用胶带把吸管粘在气球一侧上，让气球挂在绳子上。

6. 将气球滑向绳子的一端，使气球口最靠近系绳子的一端。

7. 松开气球，看它如何穿过房间射出去！

## 背后的科学

火箭的工作原理是将气体高速挤出喷嘴，从而将火箭的其余部分推向相反的方向。这利用了牛顿第三定律，也就是说，每一个作用力都有一个大小相等但方向相反的反作用力。通常，当你让气球里的空气泄漏出来时，气球会旋转，气球里的空气朝不同的方向射出。将气球通过吸管绑在绳子上，就能控制气球的运动方向。当空气从气球里冲出，就会推动气球沿着绳子的方向向前运动。

## 更进一步

» 改变气球的形状，或者气球里的空气量会改变气球飞行的速度或距离吗？为什么你会这么认为呢？你怎么测量气球的速度呢？

» 改变吸管的角度，比如抬高或者降低一端。当它向上飞或者是朝下飞，这会改变气球的速度吗？为什么你会这么认为呢？

» 如果你把气球绑在吸管上，会发生什么？气球穿梭机还会飞行吗？

# 弹力球
## BOUNCING BALL

弹力球通常是由橡胶做的，但通过这个简单的实验，你可以自己动手做弹力球。

### 工具和原料

· 微波炉适用的盘子

· 搅拌用的勺子

· 50 mL（10 茶匙）热水

· 28 g（3 汤匙）玉米淀粉或玉米粉

· 食用色素

### 实验步骤

1. 把玉米淀粉倒在盘子里，加入 25 mL（5 茶匙）的热水，用勺子搅拌。

2. 把盘子放在微波炉里加热 20 秒。

3. 再往盘子里加 25 mL 热水，如果需要的话，可以加入一滴食用色素。

4. 用勺子搅拌均匀，把玉米淀粉糊状物捏成球状。

5. 把球状玉米淀粉放在微波炉里加热 15 秒，使其凝固成形。

6. 加热好后，你可以弹弹这个球，如果有裂痕，可以在裂痕处滴加几滴水。

7. 把做好的弹力球放在密封的容器里，防止它变干。

### 背后的科学

　　玉米淀粉或玉米粉是由微小的淀粉颗粒组成的，而淀粉颗粒是由一种叫作葡萄糖的糖类组成的。当加入水后，这些淀粉颗粒就会漂浮在水里，被微波炉加热后，淀粉会在水里膨胀，葡萄糖分子之间的一些键就会断裂，这就使得淀粉颗粒里的有些葡萄糖分子进入水中，变成一种胶状物质，这个过程叫作凝胶化。当胶状物质冷却后，淀粉颗粒里的另一种分子淀粉酶就会在分子网格结构中互相结合，维持实心球的形状。加热过程也会使得球里的水分蒸发，让溶液中的淀粉浓度升高，球就会变得更硬更结实。虽然这个球是实心的，它也可以被压扁，这说明它是有弹性的。当球落下撞到平面上时，球表面会压缩。但是，因为它具有弹性，它可以很快恢复到原来的形状，让被压扁的表面重新鼓起来，球也就能重新弹起来。

### 更进一步

» 你能用其他面粉或者淀粉做弹力球吗？米粉怎么样？它们也能弹得一样高吗？

» 你能用其他什么东西装饰弹力球？加点颜料会改变弹力球弹起的高度吗？

» 如果你混合一份水和两份玉米淀粉，还会形成弹力球吗？

» 如果你用勺子的背部敲混合物而不是把勺子放在混合物表面，玉米淀粉糊状物会怎么变化？

# SOLAR COOKIE OVEN

烤箱通常是用电或天然气加热，但在这个实验里你可以用太阳来烤饼干。

## 工具和原料

- 披萨盒（或麦片盒）
- 铅笔
- 尺子
- 刀
- 铝箔纸
- 塑料膜
- 透明胶或者胶带、胶水
- 黑色的纸
- 温暖的晴天
- 饼干面粉：15 g（1汤匙）黄油，30 g（2汤匙）糖，25 g（2大汤匙）面粉，5 mL（1茶匙）牛奶

## 实验步骤

1. 用铅笔和尺子在披萨盒盖子的每条边上2.5 cm处做个标记，连接这些标记，画出一个正方形。
2. 用剪刀剪开正方形的前边和侧边，让盒子可以沿着一条边像铰链一样折叠。
3. 把铝箔纸贴在盒子的内壁，用胶带或胶水固定住。
4. 用一层塑料薄膜封住盒盖上正方形的窗口形状。
5. 用胶水或胶带把一张黑色的纸粘在盒子的底部。
6. 将饼干面粉的原料混合，捏成小球，然后用手压平。
7. 把面团盘放在一张铝箔纸上，再放到盒子里的黑纸上。
8. 用铅笔和胶带将剪出的盖子固定在大约75度角的位置。把饼干放在外面，面向太阳，直到饼干烤好（15~60分钟）。
9. 小心地把饼干从盒子里拿出来，冷却一会，然后就可以吃啦！

## 背后的科学

　　太阳烤箱用太阳光来加热，也就是用太阳能来加热食物。铝箔可以反射太阳光，使光线射进盒子，塑料膜封住的盒子就像一个温室，可以防止加热的空气从盒子里面跑出来。当太阳光射进盒子时，里面的空气会逐渐变得更热。盒子底部的黑纸可以吸收太阳光，并加热放在它上面的食物。

## 更进一步

» 你还能用太阳烤箱做什么其他吃的？你能烤马铃薯或者披萨吗？
» 在烤的过程中如果改变盒盖反射的角度会改变食物变熟的效率吗？
» 在温暖的阴天使用这个炉子，还能烤饼干吗？你认为这是为什么？

# ERUPTING VOLCANO
# 喷发的火山

当压力增大到一定程度时，火山就会喷发出岩浆，也就是熔化的岩石。你可以在这个实验里建造属于自己的火山，观察它一次又一次的喷发。

## 工具和原料

- 小塑料瓶
- 纸胶带
- 大托盘
- 剪刀

- 碗
- 汤匙
- 吹风机
- 海报漆和画笔

- 报纸
- 100 g 面粉
- 200 mL 冷水
- 200 mL 醋

- 15 g 苏打粉
- 红色的食用色素
- 30 mL 温水
- 洗洁精

## 实验步骤

1. 把空的塑料瓶放在托盘中间，用纸胶带穿过瓶子顶端，直到托盘底部，做成火山形状。

2. 在碗里倒入冷水和面粉，搅拌直到形成糊状物。

3. 把报纸剪成长直条形状，把纸条插到面粉的糊状物里。

4. 拿出纸条，每次拿出一条，挤出多余的液体，把纸条放在胶带上，形成火山层。

5. 继续增加火山层，直到你建成了火山，让每一层的火山层晾干后再建下一层。如果你愿意，用吹风机吹也可以，也可以过夜干燥。

6. 用喷油漆和装饰你的火山，让它看起来更像真的火山。

7. 小心地把小苏打倒入火山内部的塑料瓶。

8. 将200 mL（1杯）醋与30 mL（2汤匙）温水、6滴洗洁精及2滴红色食用色素混匀。

9. 把液体混合物倒进瓶子里，站在后面——然后看着你的火山喷发！

## 背后的科学

胶水是一种把物质粘在一起的粘合剂。通过向面粉中加水，面粉中的分子被水化，这使得它们变得黏稠。当涂在纸上时，它们可以帮助纸层互相粘在一起，一旦水从面粉中蒸发出来，纸张就会变得更坚硬。当把酸（如醋）加入碱（如小苏打）时，它们会发生反应。在这种情况下，反应产生气体二氧化碳。气体被困在洗碗液中，产生充满气体的气泡。随着气体越来越多，由于没有足够的空间容纳所有的气泡和气体，瓶子里的压力增加。这些气体和气泡试图通过迅速从瓶口涌出来释放压力，从而导致火山喷发。

## 更进一步

» 如果你改变火山中使用的醋或小苏打的量会发生什么？这个实验是否适用于其他酸，如柠檬汁或酸橙汁，以及其他碱性物质，如洗衣粉？你会看到一样的火山喷发吗？

» 你能想出一些方法来改变火山的顶部，从而增加瓶子里的压力，使火山喷发得更高或者持续得更久吗？

通过改变瓶子的大小，
你可以根据自己的喜好
建造出大火山或小火山

第三部分

# 可食用
# 的实验

EDIBLE EXPERIMENTS

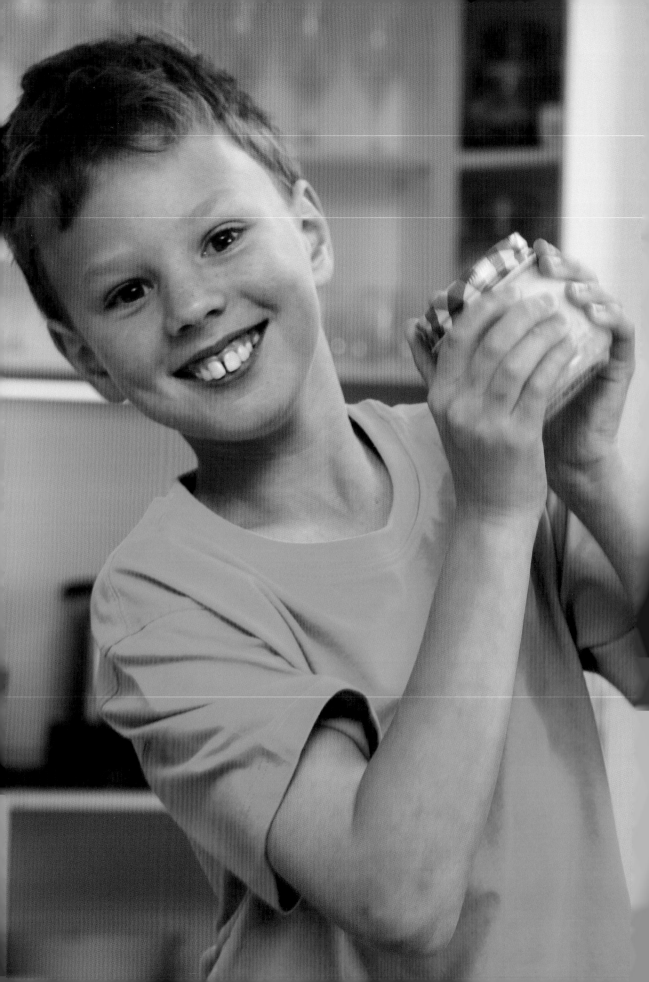

# 自制黄油
## MAKING BUTTER

这份很棒的食谱不仅可以制作新鲜的黄油，还能锻炼你的手部肌肉。

### 工具和原料

· 带盖子的玻璃瓶
· 100 mL ($\frac{1}{2}$ 杯) 鲜奶油或淡奶油

· 冷水

### 实验步骤

1. 把鲜奶油倒在玻璃瓶里，不要超过瓶子容量的 $\frac{1}{2}$。

2. 盖上盖子，在厨房的水槽上方把瓶子颠倒过来，确定瓶子不会漏水。

3. 用力摇晃罐子大约 5 分钟。你应该能听到奶油在罐子里晃动的声音。

4. 打开罐子，看看奶油是不是变稠了，形成了生奶油。

5. 再次拧紧盖子，继续摇晃变稠的奶油 5~10 分钟，或者直到你听见罐子里有液体"晃动"的声音。

6. 打开罐子，倒出清澈的液体——酪乳。

7. 罐子里剩下的黄色固体是黄油。用冷水冲洗几次，把剩余的酪乳洗掉，就可以涂在吐司上了！

### 背后的科学

牛奶是由脂肪和蛋白质组成的液体。科学地说，牛奶是一种胶体，或者是乳浊液。如果让牛奶静置一段时间，微小的脂肪颗粒就会浮到上面，形成一层可以刮掉的奶油。

奶油中的脂肪颗粒或球状物会黏在一起，形成薄膜。当奶油被摇晃时，脂肪球开始聚集在一起，它们之间会形成微小的气泡，这就形成了一种轻盈而又充满空气的混合物，被称为生奶油。

如果混合物被摇晃得更厉害，这些气泡就会破裂，脂肪球周围的薄膜也会破裂，导致脂肪颗粒溢出。持续的摇晃会使释放出来的脂肪颗粒结合在一起，形成固体脂肪混合物，也就是黄油。黄油已经与奶油中的液体分离出来，这种液体被称为酪乳，非常适合制作松饼和松软的面包。

### 更进一步

» 如果鲜奶油的起始温度不同，实验结果会有变化吗？尝试非常冷的奶油或室温的奶油，观察是否有不同。

» 如果你把一个干净的玻璃弹珠放进罐子里摇晃会发生什么？黄油的形成是更快还是更慢？你为什么这么认为？

» 将黄油放入冰水中，挤出剩余的酪乳。这看起来更像你在超市里看到的黄油，但是如果没有任何添加剂，它的味道就不一样了。你能在黄油里加什么调味料使它更美味呢？

# 坚果牛奶
## MILKING NUTS

这个美味的实验把杏仁里面富有营养的蛋白质和油脂混合在一起，形成像牛奶一样可以喝的液体。

## 工具和原料

· 搅拌机
· 滤网（细网目）
· 碗

· 200 g（$1\frac{1}{2}$ 杯）杏仁
· 950 mL（4 杯）水

## 实验步骤

1. 把杏仁放在碗里，浸泡一夜。
2. 洗干净杏仁并剥去表皮。
3. 把剥完皮的杏仁放在搅拌机里，倒入 950 mL 水。
4. 搅拌液体直到没有明显颗粒。
5. 把液体倒入细筛子，滤出所有液体。
6. 把液体放入冰箱冷藏一会，然后你就可以喝了。

## 背后的科学

　　牛奶是由蛋白质、脂肪和糖类等营养物质组成的混合物，是奶牛产出来帮助小牛成长的物质。杏仁是杏树的种子，包含高含量的蛋白质和脂肪，能让小树长成大树。

　　当杏仁浸泡过后，用搅拌机搅碎，脂肪和蛋白质就会从固体杏仁里释放出来，变成液体。因为脂肪和水并不互溶，从杏仁里出来的脂肪会形成小液滴，悬浮在液体里，形成乳浊液。杏仁牛奶严格来说并不是牛奶。但是它看起来像牛奶，含有相似含量的脂肪和蛋白质，经常也被叫作牛奶。

## 更进一步

» 还有其他什么坚果你能用搅拌机搅成牛奶样？
» 试着在实验中加入香草精或者肉桂来增加杏仁牛奶的口味。
» 挤干杏仁浆，剩下的杏仁粉可以用来做无麸质蛋糕或马卡龙蛋糕。

# 早餐里的 IRON IN YOUR 铁
## BREAKFAST

很多食物都标注了"铁强化",但你的食物里到底含有多少铁呢?这个实验将告诉你如何在早餐麦片里找到铁。

## 工具和原料

- 擀面杖
- 有拉链的食品保鲜袋
- 磁铁
- 白纸
- 25 g(1 杯)有"铁强化"标签的早餐麦片
- 100 mL(半杯)热水

## 实验步骤

1. 将麦片倒入食品保鲜袋中,密封好。
2. 用擀面杖把袋子里的麦片碾碎,直到碾成细粉末。
3. 把粉末倒在白纸上,铺成薄薄的一层。
4. 在麦片粉末上方移动磁铁,看是否会有细小的黑色颗粒被磁铁吸引。
5. 把麦片粉末倒回袋子,加入 100 mL 热水,重新密封起来。
6. 把磁铁放到桌上,再把袋子放在磁铁上方。
7. 轻轻搅动袋子里的液体,然后放置 15 分钟。
8. 保持磁铁与袋子接触,轻轻地把袋子翻过来,仔细观察袋子里面靠近磁铁的地方。
9. 你应该能看到磁铁周围有一小团黑色颗粒。这就是麦片里被磁铁吸引的铁颗粒。

## 背后的科学

磁性——这里指铁磁性——是一种复杂而有趣的现象,许多电动机和发电机都用到了磁铁。铁磁性是由于电子绕着自身具有磁场的原子旋转引起的。当这些微小的磁场排列在一起时,会产生一种吸引力,就像铁靠近磁铁时被磁铁吸引的那样。

铁能帮助血液将氧气分子从肺部运到身体的其他部位,因为我们身体不能产生铁,所以就需要从肉类和坚果等食物中获取铁。许多食品制造商会在食品中添加铁,以帮助我们摄入足够的铁来保持健康——这些食品都是"铁强化食品"。在早餐谷物中,铁和麦片被压缩到一起。当麦片被压成细粉时,铁颗粒就会从麦片中脱落出来。将麦片粉浸泡在水里有助于溶解麦片,这样细小的铁颗粒就能进一步从麦片结构中分离出来,并在水中移动。当磁铁靠近含水的谷物时,磁力就可以把铁颗粒从水中拉向磁铁。如果磁铁周围聚集了足够多的铁颗粒,用肉眼就能看到一团小黑点。

## 更进一步

» 你能辨别出哪些品牌的麦片铁含量最多?你的发现和麦片盒子旁边的营养成分表一致吗?

» 你还能找到其他标有"铁强化"标签的食品吗?

» 并非所有的金属都具有磁性。你能用磁铁在房子里找到其他具有磁性的金属吗?

# 糖果蜡烛
## CONFECTIONERY CANDLE

很多蜡烛用过后就被扔掉了。但是，这份美味的食谱可以做出让你用过还能吃掉的蜡烛。

### 工具和原料

· 火柴
· 刀
· 盘子
· 香蕉
· 杏仁
· 巧克力或者坚果片（可选）

### 实验步骤

1. 把香蕉去皮，切掉两端，形成扁平的香蕉圆柱体。
2. 把香蕉立在盘子上，用巧克力或者坚果片装饰它。
3. 剥去杏仁皮，小心地把它们切成薄片。
4. 把杏仁片放到香蕉上。
5. 用火柴点燃杏仁，看着它燃烧。
6. 实验结束后，吹灭火焰，吃掉整根香蕉蜡烛！

### 背后的科学

蜡烛由两种东西组成：灯芯和蜡。

蜡是一种燃料，为火焰提供能量，让蜡烛燃烧。因为蜡在蜡烛中通常是固体的，火焰的热量使它软化，直到它变成液体——灯芯会吸收液体蜡并把它拉向火焰。当液体蜡到达火焰时，它会变成蒸汽或气体，为火焰提供燃料，保持火焰燃烧。

火焰要继续燃烧需要燃料、能量和氧气。蜡提供燃料，火柴提供最初能量，蜡烛周围空气提供氧气。

这种可食用蜡烛也有来自火柴和周围氧气的初始能量。这种可食用蜡烛不使用蜡，而是使用杏仁作为灯芯和燃料。坚果富含能量，因为它们富含天然脂肪。这些脂肪燃烧缓慢，点燃时可为火焰提供燃料。香蕉是杏仁的底座，它的高水分可以保证火焰的安全，并将火势蔓延的风险降到最低。

### 更进一步

» 其他种类的坚果，如腰果或核桃，是否也有同样的作用？哪种坚果燃烧时间最长？你觉得这说明了什么？
» 如果你喜欢吃其他水果，可以试试其他的水果，比如苹果或橘子，而不是香蕉。
» 你认为坚果片的厚度和它燃烧的难易程度有关吗？你为什么会这么认为呢？

坚果富含能量，可以提供火焰燃烧需要的燃料

# 独角兽面条
## UNICORN NOODLES

这些可以吃的、神奇的独角兽面条能在你眼前从紫色变成蓝色甚至是粉色。

### 工具和原料

· 大炖锅
· 刀
· 炉子

· 大的耐热碗
· 筛子或滤勺
· 紫甘蓝

· 柠檬
· 面条 (粉丝或粉条也行)
· 热水

### 实验步骤

1. 将紫甘蓝切碎，放入锅中。
2. 往锅里加入足够多的水，使紫甘蓝一半被水浸没。
3. 烧开锅里的水，在炉子上煮 5 分钟。
4. 将滤勺放在耐热碗上，过滤热乎乎的紫甘蓝。
5. 把紫甘蓝滤渣放在一边——如果你喜欢，你可以加一点盐和醋，使它成为一道美味的配菜！
6. 把紫甘蓝汁倒回锅里，放入面条。
7. 煮 5~10 分钟，使面条变软变紫。
8. 用滤勺把水滤掉，把面条放进盘子或碗里。
9. 在面条上滴几滴柠檬汁，观察它们是否会变成粉红色。

### 背后的科学

　　紫甘蓝是紫色的，因为它含有花青素，蓝莓里也有这种色素。在煮紫甘蓝的过程中，花青素会释放出来，当干面条放进紫甘蓝汁里，就会吸收花青素。科学家们用一种叫作pH计的装置来测定溶液里的氢离子浓度。当pH等于7说明溶液是中性，小于 7 则说明溶液呈酸性，大于 7 则是碱性溶液。花青素在不同的 pH 溶液里会改变颜色。当在中性溶液里，也就是 pH 为 7 时，它是紫色的，但是碰到酸性物质如柠檬汁时就会变成粉红色，在碱性溶液里花青素会变成蓝色、绿色甚至黄色。独角兽面不仅是一种美味的小吃，也是一种可以吃的 pH 测量仪！

### 更进一步

» 当你在面条里加入碱性物质，比如说苏打粉，会发生什么变化？
» 你能用剩下的紫甘蓝汁测量其他家用产品的 pH 值吗？比如说醋和洗衣粉。
» 用你已经知道的花青素知识，你能解释为什么蓝莓松饼里的蓝莓有时边缘看起来是绿色的吗？

# 微波 MICROWAVE CHEESE 奶酪

·科学原理·
**凝固**

**20 分钟**

这个快速而美味的实验能让你在 20 分钟内尝到美味的意大利乳清干酪！

## 工具和原料

· 筛子
· 纸巾
· 耐热罐子
· 碗

· 1 杯全脂奶
· 1 g（$\frac{1}{4}$ 茶匙）盐
· 15 mL（1 汤匙）白醋

## 实验步骤

1. 把牛奶、盐和醋倒入耐热罐子里，搅拌。
2. 把罐子放在微波炉中加热 3 分钟，直到牛奶开始冒泡。
3. 从微波炉中取出罐子，轻轻搅拌，看着牛奶变成固体，形成白色的凝乳。
4. 如果牛奶没有变成固体，就放回微波炉里继续加热。
5. 在筛子上铺四层纸巾，放在碗上。
6. 用勺子把牛奶混合物舀到筛子里，沥干。
7. 把滤过的固体倒入碗中，就可以吃了，或者直接涂在吐司上。
8. 要做出甜的意大利乳清干酪，可以在固体中加入少量蜂蜜或糖。

## 背后的科学

　　牛奶由脂肪、糖类和蛋白质组成。牛奶里的其中一种蛋白质叫作酪蛋白，酪蛋白在水里的溶解性不好，它们会在水里卷成叫作胶束的微小球形，悬浮在牛奶里。液体里有像蛋白质这样不溶于水的小颗粒叫作胶体。其他常见的食用胶体有蛋黄酱和黄油。在牛奶里加入醋会降低牛奶的 pH 值，让它变得更酸，这就导致微小球形胶束变性并展开。加热会加速这个过程。当酪蛋白伸展开来，它会和牛奶里的其他物质交缠在一起并聚沉下来，形成一种叫作凝乳的固体，剩下的液体叫作乳清。最后榨干的奶酪通常被称为意大利乳清干酪，常用于意大利菜的烹饪。

## 更进一步

» 这个实验是否适用于不同类型的牛奶，比如生牛奶、低脂牛奶、超高温消毒牛奶还是豆奶？为什么你认为有些牛奶比其他的效果更好？
» 你能找到其他可食用的酸性物质来代替醋吗？醋能分解酪蛋白，其他物质比如柠檬汁或酪乳也可以吗？
» 这会改变意大利乳清干酪的味道吗？
» 尝试给你的微波炉奶酪添加不同的味道——你最喜欢哪种？

# INSTANT ICE CREAM

这个美味的科学食谱能让你在 10 分钟内吃到自己亲自做的冰淇淋！

## 工具和原料

· 1 个小的有拉链的食品保鲜袋

· 1 个大的有拉链的食品保鲜袋

· 120 mL（$\frac{1}{2}$ 杯）奶油或者全脂牛奶

· 12.5 g（1 汤匙）糖

· 几滴香草精或其他你喜欢的饮料

· 3~7 杯冰

· 75 g（5 汤匙）盐

## 实验步骤

1. 将奶油、糖和香草精放入小袋子中密封，挤掉密封袋里的空气。

2. 将冰、盐和装奶油的小袋子放入大袋子中密封。

3. 用力将大袋子在水槽上摇晃约 5 分钟。当奶油开始结冰并变成固体时停止。

4. 取下小包，用冷水快速冲洗掉盐溶液。

5. 把冰淇淋倒进碗里，加入你最喜欢的配料，享受你刚刚冷冻的甜点吧！

## 背后的科学

　　冰淇淋是一种乳剂，或者是通常不会混合在一起的两种液体（水和脂肪）的混合物。为了制作冰淇淋，牛奶或奶油混合物需要从液态变成固态。如果把混合物直接放进冰箱，水的成分就会冻结，形成大而脆的冰晶。当冰淇淋是奶油状而不是松脆时味道更好，所以制作冰淇淋的目标是尽可能地制造出最小的冰晶。通过大力摇动袋子，任何可能形成的大冰晶都会被分解成更小的冰晶，形成光滑的奶油冰淇淋。由于加了盐，水的冰点降低了，所以它开始融化。当冰融化的时候，它会从周围的环境中吸收热量——包括包裹在小袋子里的奶油混合物——将它冷却到足以使液态奶油冻结的程度，从液态变为固态，形成冰淇淋。

## 更进一步

» 如果你在制作冰淇淋时不用力摇晃袋子会发生什么？

» 如果你在嘴里放了太多的冰淇淋，你可能会出现所谓的"大脑冻结"或"冰淇淋头痛"。把你的舌头放在上颚应该可以止头痛——你认为这是为什么呢？

» 尝一下冰冻的冰淇淋，融化后再尝一次。其中一个应该比另一个更甜——你认为这是为什么呢？

# CANDY CRYSTALS
# 糖果晶体

在培养吃起来脆脆的糖果晶体时，你会感到惊奇的是——你离开它们的时间越长，它们就长得越大！

## 工具和原料

· 木制烤肉叉
· 挂衣钩
· 炖锅
· 细长的干净玻璃杯或罐子
· 1 杯水
· 2~3 杯糖
· 食用色素

## 实验步骤

1. 把锅里的水用小火加热，直到沸腾。

2. 慢慢加入糖，不停地搅拌，确保糖全部溶解在水里。

3. 继续加糖，直到水开始变浑浊。这时糖不再溶解。

4. 把锅从火源移开，冷却。

5. 用水把木制烤肉叉打湿，然后把它们放到剩下的糖里，翻滚几下——让它们晾干几分钟。

6. 糖溶液冷却后，倒入玻璃杯或罐子里，加入食用色素。

7. 将木制烤肉叉夹在挂衣钩上，挂在玻璃杯上方，这样木制烤肉叉就在玻璃杯的中间，离玻璃杯底部大约 2 cm。把杯子放在不常用的桌子上。

8. 3 天后应该会形成第一个糖果晶体，并会继续生长。

9. 你可以检查并去除溶液表面形成的硬壳，帮助糖果晶体生长。

10. 当你对糖果晶体的大小感到满意时，把它从溶液中拿出来，晾干几个小时再吃。

## 背后的科学

如果你把一勺糖倒进一杯冷水里搅拌，糖会溶解在水里。但最后，如果你继续往水里加糖，它会停止溶解。但是如果水被加热，更多的糖就会被迫溶解在水中，形成所谓的过饱和溶液。当温度降低时，过饱和溶液变得不稳定，因为它含有的糖分超过了它所能容纳的量，糖分子就开始从溶液中析出来变成固体的糖果晶体。

当糖分子开始从溶液析出，它会先形成能量最低的表面，其他糖分子就可以在这个能量最低表面继续生长，这比其他糖分子在溶液里形成新的晶体所需的能量更少，表面沾上糖果晶体的木制叉子可以作为晶种供新的糖果晶体生长。

糖溶液的温度降得越低，随着时间的推移，水从溶液中蒸发得越多，糖果晶体就会从溶液中析出越多——糖果晶体也就会越大。

## 更进一步

» 你能想出一些方法来装饰你的糖果晶体吗？比如用薄荷油或香草精？

» 你认为这会改变糖果晶体的结构吗？

» 你能用盐等其他能形成晶体的材料做晶体吗？这些晶体看起来是一样的还是不同的？

» 你的糖果晶体能长多大？它会永远长大，还是最终会达到最大的极限？你为什么这么认为呢？

当蔗糖在缓慢降温时
它们会规则地排列在一起
生成糖果晶体

# 能吃的"蚯蚓"
## EDIBLE EARTHWORMS

利用交联的力量，这些逼真的"蚯蚓"尽管看起来令人恶心，但是吃起来味道很好！

## 工具和原料

- 50 根柔软的吸管
- 松紧带/橡皮筋（或细绳）
- 罐子
- 高高的容器

- 盘子
- 2 盒果冻 / 果冻草莓或覆盆子晶体或覆盘子块
- 10 g（1汤匙）明胶粉末

- 125 mL（$\frac{1}{2}$ 杯）奶油
- 375 mL（$1\frac{1}{2}$ 杯）热水
- 绿色的食用色素

## 实验步骤

1. 小心地把热水倒进大罐子里，加入果冻和明胶粉末，搅拌直到溶解。

2. 加入奶油，搅拌直到混合均匀。

3. 加入 3 滴绿色的食用色素，搅拌均匀。

4. 拉开吸管的褶皱部分，直到吸管完全拉直。

5. 把吸管放在一起，用橡皮筋或者绳子把它们固定在一起。

6. 把吸管竖直地放在高的容器或罐子里。

7. 把混合物从吸管顶部倒进吸管里，直到充满吸管。放入冰箱冷冻 4 小时。

8. 如果吸管开始漂浮，在吸管上方压上重物。

9. 一旦吸管里的液体凝固了，用温水冲洗吸管外部，使"蚯蚓"放松。

10. 从吸管顶部开始，用手指（或钝刀的背面）轻轻地挤压每根吸管，沿着吸管向下挤，把"蚯蚓"挤在盘子里。

11. 为了让"蚯蚓"看起来像是在土壤里，把黑巧克力饼干碾碎，放在盘子里，作为"蚯蚓"生活的环境。

## 背后的科学

　　果冻之所以会晃动，是因为它含有明胶，这是一种卷曲的蛋白质链，当加入热水时，它就会像一根根绳子，漂浮在水面。当水冷却下来时，明胶会重新卷起来，互相缠绕在一起，困住里面的液体，把液体变成固体。明胶分子之间相互缠绕的过程叫作交联。因为蚯蚓有很高的长宽比，这意味着它们又长又瘦，所以它们需要变硬来保持它们的形状。添加额外的明胶会导致更多的交联。果冻通常是透明的——看上去是这样的——但是奶油中额外的蛋白质和脂肪分子会使光线偏转并散射光线，使"蚯蚓"变得不透明。混合了红色果冻和绿色食用色素后，"蚯蚓"变成了一种"真实的"棕色——当然，你可以让它们变成你喜欢的任何颜色。

## 更进一步

» 如果你改变"蚯蚓"的明胶含量会有什么变化？你为什么会这么认为呢？

» 如果你没加奶油，"蚯蚓"看上去会有什么不同？

» 如果你在挤出"蚯蚓"之前没有用热水冲吸管会发生什么？你认为热水有什么作用呢？

这些可食用蚯蚓的弹性意味着
如果你移动它们
能量很容易从蚯蚓的一边转移到另一边
使它们发生摆动

这种"泥浆"可以像液体一样流动，也可以像固体那样滚动，最神奇的是它还很好吃。

### 工具和原料

· 炖锅
· 塑料三明治袋
· 395 g 甜炼乳罐头

· 10 g（1汤匙）玉米粉
· 45 mL（3汤匙）巧克力糖浆

### 实验步骤

1. 把牛奶倒进炖锅里，并用小火加热。
2. 慢慢地把玉米粉加到热牛奶中搅拌。继续加热，用小火搅拌20分钟，直到混合物变黏稠。
3. 熄火，加入巧克力糖浆搅拌。
4. 放入三明治袋中，放入冰箱冷藏。
5. 一旦混合物冷却，你可以把它卷成任何你想要的形状，然后看它怎么流动。

### 背后的科学

　　玉米粉或玉米淀粉是一种由葡萄糖组成的长链糖分子，这些糖分子互相连接在一起，变成卷成一团的颗粒。当暴露在高温和牛奶中时，淀粉颗粒会吸收牛奶中的水分，导致牛奶膨胀。这些膨胀的颗粒开始互相挤压，这限制了液体的运动，导致液体变稠或变得更黏。最终淀粉颗粒破裂，释放出长长的淀粉链，这些淀粉链进一步膨胀，吸收颗粒外的液体。这样就把混合物中剩余的水保留起来，变成高黏度的胶体或泥浆。它既能像浓稠的液体一样流动，但也可以像固体一样滚动。这个食谱的好处是，一旦你做出了"泥浆"，就可以吃它了！

### 更进一步

» 你还能在"泥浆"里加其他什么能吃的东西？这会改变它流动的状态吗？
» "泥浆"在温度高时的流动状态和温度低时有什么区别？为什么会这样呢？
» 你能想到除了巧克力酱以外其他可以加进去的配料做出味道不同的"泥浆"吗？

"泥浆"的温度越低，流动性就会越差

# 蜂巢 HONEY COMB

观察这个化学反应，制作又甜又多泡的美食。

## 工具和原料

· 烤盘
· 羊皮纸或烘焙纸
· 炖锅
· 筛子

· $1\frac{1}{2}$ 杯白糖
· $\frac{1}{2}$ 杯蜂蜜
· 1 汤匙小苏打（筛过）
· 一点盐

## 实验步骤

1. 在烤盘上铺上羊皮纸或烘焙纸。
2. 在锅里倒入蜂蜜、盐和糖，用中火加热到高温，并不断搅拌。
3. 继续加热 3 分钟，使混合液变成棕色。
4. 停止加热，加入小苏打，搅成泡沫状。
5. 将混合物快速倒入烤盘，冷却 10 分钟。
6. 把混合物从纸上剥下来，切成小块。

## 背后的科学

　　小苏打通常作为发酵剂用来制作蛋糕和面包。在这个实验中，糖溶液的热量使小苏打分解并释放出二氧化碳，这种气体的释放会使糖溶液起泡并产生膨胀的泡沫。将发泡混合物放在大烤盘上，形成一层表面积很大的薄层，这使得混合物能够迅速冷却并凝固气泡，形成一个刚性的蜂窝结构。由于这种快速冷却过程，糖分子没有时间排列成糖晶体，从而形成玻璃状的非晶态结构，这也就使得蜂巢特别脆弱，很容易就塌掉。

## 更进一步

» 如果你在实验中加入了两倍的小苏打会发生什么？你认为会得到两倍多的泡沫吗？
» 如果你把液体倒进碗里而不是烤盘，你认为最后制成的"蜂巢"会有什么不同？为什么你会觉得这会改变蜂巢最后的结构？
» 掰下一块蜂巢，看看里面的气泡结构。气泡的大小和形状一样吗？你为什么这么认为？

# 袋子里的 面包

## BREAD IN A BAG

这份懒人食谱不需要洗碗，凭借酵母的发酵能力，就能做出美味的新鲜面包。

### 工具和原料

· 有拉链的大食品保鲜袋
· 轻油面包锅
· 厨房用纸

· 360 g（3 杯）白面粉
· 35 g（4 汤匙）糖
· 7 g（$2\frac{1}{2}$ 茶匙）酵母

· 5 g（1 茶匙）盐
· 45 mL（3 汤匙）油
· 240 mL（1 杯）热水

### 实验步骤

1. 把锅加热到 190 ℃。
2. 往袋子里倒入糖、酵母和一杯面粉，混匀这些材料。
3. 打开袋子，倒入热水，尽量挤出袋子里的空气，密封袋子。
4. 把原料挤在袋子里揉成一团，直到它们混合均匀。
5. 把袋子静置 10 分钟，让酵母充分发酵。
6. 打开袋子，加入一杯面粉、油和盐，封上袋子，混匀原料。
7. 打开袋子，再加入一杯面粉，重新封上袋子，混合 5 分钟，直到混合物不再粘在袋子上。
8. 把混合物转移到锅里，用干净的毛巾盖住，静置 30 分钟，让面团发酵。
9. 在炉子里烤 25 分钟，小心地打开毛巾，自然冷却 10 分钟。

### 背后的科学

当面粉与水混合时，面粉里的淀粉会吸收水，并与水结合，形成黏性固体。酵母是一种单细胞真菌，在与温水接触之前处于休眠状态。一旦重新激活，酵母就开始以糖为食。此时打开袋子，你会闻到发酵酵母产生的酒精酸味。二氧化碳气体是发酵过程中产生的副产品，它会以气泡的形式滞留在面团中，使面包膨胀。

当面团在烤箱中加热时，气泡会膨胀，使面包进一步膨胀，酒精会蒸发。较高的温度也会杀死酵母，使面包表面的糖焦糖化，形成漂亮的棕色外壳。

### 更进一步

» 酵母对制作面包非常重要，它通过产生二氧化碳气体使面包变得蓬松。你可以看到，把水、糖和酵母（根据这个实验的食谱）混合到一个瓶子里，然后用一个气球把瓶子的顶部封上，看会产生多少气体。随着时间的推移，气球会发生什么变化？如果使用的水很冷或很热，结果会改变吗？你为什么这么认为？

» 你认为如果实验中不加糖会发生什么？

» 你能想到其他可以让面包变得更美味的东西吗？

# 有趣的 泡沫雪糕
## FUN FOAMSICLES

在学习如何搅拌蛋清的同时，学会用棍子做出美味的蓬松食物。

## 工具和原料

· 棒冰棍或棒棒糖棍
· 烤盘
· 羊皮纸或烘焙纸

· 玻璃杯或钢碗
· 金属搅拌器
· 100 g ($\frac{1}{2}$ 杯) 白糖

· 2 个鸡蛋清
· 5 mL (1 茶匙) 柠檬汁

## 实验步骤

1. 预热烤箱到 95 ℃。
2. 在烤盘里铺上烘焙纸，把棒冰棍放置在距离纸 10 cm 处。
3. 用搅拌器搅拌蛋清，直到能形成蓬松的山峰形状。
4. 加入柠檬汁继续搅拌，每隔一段时间加点糖，再搅拌。
5. 继续搅拌，直到能再次形成蓬松的山峰形状。
6. 用勺子把混合物舀成球形，滴在每根木棍的一端。
7. 烘烤 90 分钟，从烤箱中拿出泡沫雪糕，等冷却后再吃。

## 背后的科学

　　蛋清里有水和氨基酸组成的蛋白质。这些蛋白质通常都是卷曲的形状，但是搅拌会增加蛋清里的空气，产生泡沫，让蛋白质分子伸展变直。这些伸直后的蛋白质有些区域喜欢水（亲水），有些区域不喜欢水（疏水）。当这些蛋白质伸展开后，疏水的部分就会围绕着空气来让它们远离水。脂肪和油会打破这种平衡，这也就是为什么任何未分离的蛋黄或碗里的少许油都会阻碍蛋白形成泡沫。

　　柠檬汁是一种酸性物质。当你把酸性物质加入到溶液里，你实际上是加入了一些带正电的粒子，也就是氢离子，氢原子失去一个电子就变成氢离子。氢离子会和蛋白质带负电的区域结合，中和掉电荷。这就可以阻止蛋白质互相结合使蛋清形成块状物质。

　　一旦受热，泡沫里的气体就会膨胀，使泡沫变大。热量还会使膨胀泡沫周围的蛋白质凝固，形成固体泡沫。

## 更进一步

» 先用一个冷鸡蛋，然后用一个室温的鸡蛋搅拌蛋清。起始温度如何影响蛋白泡沫的最终结构？你认为这是为什么？

» 如果你一直搅拌蛋清，泡沫结构会发生什么变化？会出现搅拌过度吗？为什么你认为泡沫结构会随着搅拌次数的增加而改变？

» 如果在搅拌之前把糖加到蛋清中，形成泡沫结构需要多长时间？为什么你认为加糖和不加糖时蛋清的搅拌时间不同？

第四部分

# 电学
# 实验

ELECTRICITY EXPERIMENTS

# 静电驱动的跳舞精灵

## The Static Powered Dancing Ghost

惊奇地看着你画的精灵在没人碰它的情况下翩翩起舞，这多亏了一种看不见的静电力。

### 工具和原料

· 两层或四层的纸巾
· 气球
· 剪刀
· 钢笔
· 透明胶

### 实验步骤

1. 剥开纸巾，把它们展成薄薄的一片。
2. 在纸巾上用钢笔画一个高约 4 cm 的精灵。
3. 用剪刀剪下画好的精灵图案。
4. 把精灵的脚粘在桌子上。
5. 把气球吹大并绑好。
6. 把气球在头发上摩擦大约 10 秒。
7. 把气球靠近精灵，你会看到精灵往气球方向运动，似乎是自己在飞。

### 背后的科学

当某些物体在一起摩擦时，就会产生电荷，即静电。在头发上摩擦气球会使带负电荷的电子从头发上转移到气球上，这就使得气球表面带负电荷。纸巾是中性的，这意味着它有等量的正电荷和负电荷。但是，由于异性相吸，当带负电荷的气球靠近纸巾时，纸巾内的正电荷就会被气球表面的负电荷吸引，向气球移动。吸引力足以将质量很轻的纸巾薄片拉向气球，而纸巾精灵则可以被静电荷吸引，从桌面站起来。

### 更进一步

» 与只朝一个方向摩擦相比，来回摩擦气球会改变静电荷量吗？
» 如果你用气球摩擦头发的时间更长，它会产生更多的静电吗？
» 试着用除头发以外的材料揉搓，比如羊毛或丝绸。它们会产生更多还是更少的静电荷？

# 葡萄 PLASMA GRAPES

# 等离子体

等离子体是物质除固体、液体和气体之外的第四种状态。通常只有在实验室里才能看到，这个实验能让你在一阵闪光中创造出等离子体！

## 工具和原料

· 微波炉
· 刀
· 微波炉专用的小盘子
· 纸巾
· 葡萄

## 实验步骤

1. 将一颗葡萄纵向切成两半，注意不要切断葡萄皮，让两半葡萄通过葡萄皮连在一起。
2. 打开切开的葡萄，把切面朝上，放在一个微波炉专用的小盘子里。
3. 用纸巾轻拍葡萄的边缘，吸走葡萄表面多余的水分。
4. 把盘子放在微波炉里，高火加热 5 秒。
5. 观察在葡萄上方形成的耀眼火焰。
6. 将加热后的葡萄从微波炉中取出时要小心，葡萄会很烫。

## 背后的科学

　　微波利用一种类似无线电波和光波的波来加热食物。工作原理是食物中的水、脂肪和糖类可以吸收微波，达到加热的目的。葡萄含有大量的液体，这就是为什么当你在吃葡萄的时候会觉得美味多汁。

　　葡萄中的液体是电解质，这意味着液体中含有带正电荷或负电荷的离子或原子。葡萄的大小比微波的 12 cm 波长要小得多，这意味着葡萄可以充当天线，将微波能量聚焦到葡萄的中间。当微波加热葡萄时，电解质中的电荷开始在连接葡萄两半的表皮层之间快速来回移动。最终，这个"表皮桥"被加热得太厉害，以至于变干，电荷被困住，没法移动。为了释放电荷，离子会从葡萄的一半跳到另一半，在空气中形成一个由高度激发电子组成的明亮离子云。

## 更进一步

» 如果你把葡萄切成两半，不把两半连在一起会怎么样？还会形成等离子体吗？你认为这是为什么？
» 你为什么认为不应该把像金属这样的导电材料放进微波炉里呢？
» 当你在微波炉中加热充气材料——比如棉花糖——30 秒会发生什么？你觉得为什么会这样？

# 漂浮的圆环
## LEVITATING RING

这个令人印象深刻的悬浮实验虽然看起来像"魔术"，但却是纯粹的静电科学在起作用！

### 工具和原料

· 轻质塑料袋（经常用来装超市的水果和蔬菜）
· 气球

· 羊毛衣服或围巾
· 剪刀

### 实验步骤

1. 距塑料袋开口端约 1 cm 处剪下一条窄的塑料带，打开剪下的塑料带，形成一个塑料环。
2. 吹大气球并绑好。
3. 将羊毛制品在气球和塑料环的表面摩擦几次，使两种材料都产生静电。
4. 把塑料环抛向空中，注意别让身体碰到，防止它粘在你的手上。
5. 当塑料环快要掉到地上时，把气球放在塑料环的下方。
6. 观察塑料环能否悬浮在气球上方。

### 背后的科学

　　当某些材料在一起摩擦时，会产生所谓的静电。静电是由于物质表面上出现被称为电子的带电粒子。这种电会被称为"静电"是因为在这种情况下电子是会停留在一个区域，而不会流动或移动到另一个区域。你可能已经经历过一次静电电击——如果你在冬天穿着天然布料制成的衣服。静电电击来自于你运动时与衣服的摩擦——造成静电积聚，当你接触到另一个人或下车的时候，就会释放出静电。

　　天然材料——如羊毛、头发或毛皮——在和其他材料摩擦时，往往会使其他材料带上正电荷。有些材料，如橡胶和聚乙烯，在与其他材料摩擦时往往会使其他材料带负电荷。相反的电荷会相互吸引，而相似的电荷则相互排斥或远离。将羊毛织物与气球和塑料环摩擦，会导致气球和塑料表面产生静电。因为气球和塑料环都带负电，它们之间会相互排斥。由于塑料环非常轻，它们之间的排斥力大到可以让塑料环远离气球，看起来就像气球能让塑料环悬浮在空气中，这就是科学的魔力。

### 更进一步

» 如果在这个实验中气球没有完全充气会发生什么？
» 你认为为什么和羊毛摩擦后的塑料环会粘在手上？
» 你能否成功地重复这个实验，用其他天然材料——比如你的头发或一块丝绸——来替代羊毛织物？
» 在潮湿的浴室里，这个实验的效果会更好还是会更差？

第五部分

# 运动实验

## MOTION EXPERIMENTS

# 瓶子里的漩涡
## WHIRLPOOL IN A BOTTLE

用瓶子、手臂的力量和向心力创造出属于你自己的漩涡。

## 工具和原料

· 有盖的透明瓶子或罐子　　　　　　　　· 洗洁精
· 水

## 实验步骤

1. 往瓶子或罐子里倒水，一直装到 $\frac{3}{4}$ 处。
2. 再往瓶子里加几滴洗洁精。
3. 拧紧瓶盖，上下颠倒瓶子，确保不会漏水。
4. 将瓶子倒过来，双手握住瓶子，用力旋转 5 秒。
5. 停止旋转，看看瓶子或罐子里面。你会看到瓶子中心形成一个漩涡。
6. 你可能需要练习几次旋转技巧来制造更大的漩涡。

## 背后的科学

　　当液体作圆周运动时就会形成漩涡。当你拔掉浴缸的塞子时，你可能看到过这种漩涡。这是由于水流通过塞子小孔时速度加快造成的。在自然情况下当水先流过一个狭窄的开口，然后流进一个更开放的区域时通常会产生漩涡。由于向心力的作用，瓶子或罐子作圆周运动时，瓶子里或罐子里的水会快速绕着中心旋转。向心力是一种将水拉向圆周中心的力，在上面提到的情况下，圆周中心也就是瓶子的中心。当水从瓶子里倒出来的时候，它会形成一个螺旋状的图案，叫作漩涡。这是由于重力把液体从瓶子里拉出来，而瓶子里仍在旋转的水在试图流出时绕着一个中心点旋转。

## 更进一步

» 往水里加些闪光剂或食用色素——这能让你更好地看清漩涡吗？
» 旋转瓶子的速度会改变漩涡的大小吗？
» 改变加入瓶子的水量——更多的水会形成更大的漩涡吗？
» 拿掉瓶盖，用手盖住瓶口，然后在水槽上重复这个实验。然后把你的手拿开，让水流出来——会发生什么？

HOOP DROP
# 呼啦圈

把硬币从高处直接扔进一个小口瓶子里，让你的朋友们大吃一惊——这要感谢惯性。

## 工具和原料

· 小硬币
· 硬纸或卡片
· 瓶口比硬币略大的小食品罐或瓶子

· 钢笔
· 剪刀
· 透明胶

## 实验步骤

1. 把硬卡纸剪成 2 cm 宽、25 cm 长的纸条，用胶带把两端连起来，形成一个环。
2. 将瓶子固定在水平面上，并将圆环垂直放在瓶口处。
3. 把硬币放在圆环的顶部，正好处于瓶口的正上方。
4. 快速地拿笔穿过环的中心沿水平方向让圆环远离瓶子。
5. 如果你的动作够快，圆环就会飞到一边，硬币则会直接掉到下面的瓶子里。

## 背后的科学

牛顿第一运动定律描述了一个静止的物体在受到外力的作用后会发生运动。当快速移动圆环时，圆环和硬币之间没有足够大的摩擦力，所以圆环被移走后，硬币受到垂直向下的重力，落到下面的瓶子里。

## 更进一步

» 圆环的大小会改变这个实验结果吗？为什么你会这么认为？
» 你能把几个硬币一个一个地放在铁环上并保持平衡吗？它们都掉进罐子里了吗？
» 不要从圆环中间开始划笔，而是把笔放在圈外，水平划动。硬币还会掉进罐子里吗？你认为这是为什么？

SPINNING WATER

旋转的水

坐过山车的时候，你并不会从最高点处掉下来，这个实验应用了同样的原理，让水能在一个旋转的杯子里不流出来！

### 工具和原料

· 一次性杯子
· 绳子
· 剪刀
· 水

### 实验步骤

1. 在靠近杯口的地方用剪刀剪出两个正对的孔。

2. 剪下一段绳子，和你身高差不多长（不要超过 150 cm）。

3. 把绳子的两端紧紧地绑在杯子上相对的孔上，形成一个长长的环状把手。

4. 不要在室内做这个实验，选择户外开放的区域，就算水洒出来也不会有什么麻烦。

5. 在杯子里装上一半的水。

6. 把绳子牢牢地握在手中，轻轻地开始从左到右摇晃杯子。

7. 一旦你对摇晃杯子有了信心，用同样的动作让杯子在你的头上旋转几圈。

8. 如果你旋转杯子的速度足够快，你会发现即使杯子是倒过来的，水也会留在杯子里。

### 背后的科学

　　通常，当一个装满水的杯子倒过来时，水就会流出来，这是因为重力对水有一个向下的拉力。但在这个实验里，水还留在杯子里。

　　牛顿第一定律指出，运动中的物体在不受到外力的作用下将继续保持运动状态，这也就是惯性原理。如果你在旋转杯子的时候松开绳子，杯子就会沿着直线飞出去。有了绳子，杯子就会一直沿着圆周旋转。杯子不会飞走的原因当然是因为它绑在你的手上！绳子向杯子施加向心力——这种力总是把杯子拉向圆心，并使杯子沿圆周运动。向心力使杯子和水有回到中心（也就是你的手）的趋势，并使杯子和水继续运动。如果向心力足够大，它可以克服重力，让水继续留在杯子里——即使杯子倒过来！要想让这个实验成功，杯子的运动速度必须足够快，让向心力的作用大于重力作用。如果你摇晃得太慢，水就会流出来……你会被淋湿的！

### 更进一步

» 如果你改变绑在杯子上的绳子长度会怎么样？

» 如果你把杯子放在头顶位置水平摆动，水还是不会洒出来吗？

» 如果你用一桶水和绳子来做这个实验，水会洒出来吗？

· 第六部分 ·

# 压力
# 实验

PRESSURE EXPERIMENTS

**10** 分钟

吸管经常用来吸取液体。但在这个实验里，吸管在压力的作用下可以变成锋利的刀。

### 工具和原料

· 硬质吸管                    · 1个生土豆

### 实验步骤

1. 拿起 1 个土豆，手掌握住土豆的侧边，让土豆的头部暴露在外。

2. 用另一只手拿起吸管。

3. 用吸管刺进土豆，看吸管能否刺穿土豆。

4. 用另一根吸管重复实验，但这次，用你的大拇指盖住吸管顶部。

5. 在你刺土豆前用大拇指盖住吸管顶部，你会发现吸管能刺穿土豆了。

### 背后的科学

在这个实验里，你第一次尝试刺穿土豆时，吸管可能只会插进土豆很浅的部位。这是因为用薄塑料制作的吸管通常不会太硬。

这个实验的秘密就在于吸管里的空气。当你把大拇指盖住吸管的顶部时，空气就被困在吸管里。困住的空气使得气体分子压缩，彼此之间更加紧密，因为它们不能从吸管逃出来。吸管里被压缩的空气就会让吸管变得格外坚硬，可以直接刺穿土豆。

你可能见过道路工人用手提钻在道路上挖洞。手提钻也是这样工作的。使手提钻上下捶打的力是由风管提供的。气压的力量能在道路上打洞，就像土豆上的洞一样。

### 更进一步

» 吸管的长度对这个实验有影响吗？

» 你能用吸管刺穿其他食物吗？比如说苹果或者梨？

» 实验后看看你的拇指——你能看到按压的印迹吗？你认为这是为什么？

通常把一杯水上下颠倒过来时，水会流出来。但是，在一块纸板和气压的力量下，颠倒一个玻璃杯，水也不会洒出来!

## 工具和原料

· 喝水的杯子
· 1 块纸板

· 剪刀
· 水

## 实验步骤

1. 剪下一块纸板，大小略大于杯口。

2. 在杯子里装满水。

3. 用一只手端起杯子，另一只手把纸板盖在杯子上方。

4. 用手轻轻压住纸板时，把杯子倒过来。（建议你先在水槽上做这个动作——以防水流出来!）

5. 再轻轻地把你的手从纸板上拿开。你会惊奇地看到，纸板居然不受重力的影响，粘在玻璃上，水也不会流出来。

## 背后的科学

　　通常重力会把物体往下拉。没有纸板，水就会从杯子里流出来。但是，把硬纸板放在玻璃杯上可以阻止更多的空气进入杯子。当玻璃杯倒过来时，可以看到杯子顶部有一些空气。由于玻璃杯顶部的小空间里没有很多空气，所以这是一个低压区。为了保持玻璃杯内外的压力一致，杯子外面的空气就会往玻璃杯内运动。当有更多的空气往上顶着纸板，纸板受到的压力也就增大。这个力大到足够支撑纸板，即使杯子颠倒过来，水由于重力向下推纸板，纸板也不会掉下来。

## 更进一步

» 如果玻璃杯没有装满水，玻璃杯中没有水的空间就会有更大的空气密度。如果这个空间足够大，就可以使空气压力等于玻璃杯外面的空气压力。

» 通过向玻璃杯中倒入不同量的水来做实验，观察会发生什么。

» 纸板的厚度有影响吗?

» 如果你在纸板的中心剪一个小洞，会发生什么? 你为什么会这么认为呢?

# 瓶子里的
# EGG IN A
# BOTTLE
# 鸡蛋

在这个实验里，你会惊奇地看到熟鸡蛋在热和压力的作用下被吸进瓶子里。

## 工具和原料

· 短蜡烛

· 玻璃罐或玻璃瓶，瓶口要比鸡蛋小

· 长火柴

· 炖锅

· 水

· 鸡蛋

· 香蕉

## 实验步骤

1. 把鸡蛋放在炖锅里，倒入冷水。把水烧开，然后开小火煮 8 分钟。

2. 小心地取出鸡蛋，用冷水冲洗。鸡蛋冷却后，剥去蛋壳。

3. 剥一根香蕉，切成 2 cm 长的薄片，用作烛台。

4. 把蜡烛放在香蕉片的中间，然后一起放到玻璃瓶的底部。

5. 用一根长火柴点燃蜡烛。

6. 把鸡蛋放在瓶口上。

7. 当火焰逐渐熄灭，你会看到鸡蛋慢慢地被吸进瓶子里。

## 背后的科学

如果没有蜡烛，鸡蛋会待在瓶口处，瓶子内外的气压相同，鸡蛋不会被吸进瓶子里。但当瓶子里的蜡烛点燃时，火焰会加热瓶内空气并使空气膨胀，放在瓶口处的鸡蛋阻止了周围的空气进入瓶里。蜡烛的火焰需要氧气来燃烧。一旦瓶里的氧气消耗完，火焰就熄灭了。没有火焰来加热空气，瓶子里的热空气便开始冷却。冷空气比热空气占用的空间小，所以当瓶内的空气冷却时，空气的体积缩小，从而降低了瓶内的气压。

这时候瓶子外面的气压大于瓶子里面的气压，所以外面的空气开始将瓶口处的鸡蛋挤进瓶子里。最终，鸡蛋会被推入瓶，空气进入瓶子里，使瓶子内外的气压相等。

想把鸡蛋从瓶子里拿出来，只需增加瓶子里的气压即可。可以把瓶子倒过来，倾斜瓶子让鸡蛋位于瓶口处。把嘴放在瓶子上吹气。这样就可以使更多的空气进入瓶中，增加了瓶内的压力。当你把嘴拿开时，蛋应该会弹出来！

## 更进一步

» 如果你在瓶子里点燃两支蜡烛会发生什么？鸡蛋挤入瓶子的速度是原来的两倍吗？

» 如果使用较软的煮鸡蛋，实验的时间会更长还是更短？

» 你能把瓶子里的空气以另一种方式加热，使实验成功吗？——比如用吹风机？

气压是指气体对其他物体施加的压力

气压可以大到可以让鸡蛋挤进瓶子里

不需要力气，只靠气压就
能压碎金属罐！

## 工具和原料

· 1 个空的饮料罐
· 钳子
· 炉子或野营炉

· 碗
· 水

## 实验步骤

1. 往一个大碗里倒入冷水，放到一边。
2. 往空饮料罐里倒入 15 mL 冷水。
3. 用钳子钳住饮料罐，在炉子上加热大约 45 秒。
4. 一旦饮料罐上方出现水蒸气，能听见里面的冒泡声，快速把罐子插到装有冷水的大碗里，确保罐子顶部浸没到冷水里。
5. 你会看到，饮料罐一碰到冷水就被挤压得变形了。

## 背后的科学

　　水在常温常压下是液体，但在加热和沸腾时会变成水蒸气。水蒸气或蒸汽比液态水占据更多的空间，所以罐内的空气就会被挤出来，为水蒸气腾出空间。当罐子被浸入冷水中时，水蒸气会凝结并回到液体状态，这就减少了罐子里气体所占的体积。这时候罐子里的空气更少了，因为罐子开口淹没在水里，所以空气不能流进罐子里，也就不能填满罐子。这使得罐内的气压低于罐外的气压。罐外较高的气压会对罐子产生作用力。如果压力差足够大，这个力大到可以把罐子压变形。

## 更进一步

» 如果加热前不把水倒进罐子里，你认为罐子还会被压碎吗？
» 如果你往碗里的冷水加冰块会发生什么？你觉得为什么会这样？
» 饮料罐的大小和形状会影响它的变形程度吗？

# 防火的气球
## FIREPROOF BALLOON

通常，当你把气球靠近火焰时，气球会爆炸，但由于水的吸热特性，这个实验可以让气球在靠近火焰的情况下依旧完好。

### 工具和原料

· 蜡烛
· 2 个气球
· 钳子
· 火柴或打火机
· 水

### 实验步骤

1. 吹大一个气球，并绑好。

2. 点燃一根蜡烛，用钳子拿着气球，把气球放在靠近火焰大约 1 cm 的位置。小心！气球可能会在几秒钟之内爆炸。

3. 把另一个还没吹气的气球装满水，然后小心地把它吹大（确保水留在气球里），然后再绑好。

4. 重复这个实验，用钳子把气球放在火焰上方 1 cm 处，看看会发生什么。

5. 如果你足够勇敢，可以试着把气球放低一点，让火焰接触气球的底部！

### 背后的科学

　　火焰的热量通常会使气球爆炸，就像你在充气气球上看到的那样。这是因为热量使气球橡胶变薄，薄到使气球表面形成一个洞。气球内部的气压迫使这个洞迅速向外扩张，使气球爆炸。水的吸热能力非常好。当装满水的气球靠近火焰时，水最先接近火焰吸收热量——而不是气球橡胶吸收热量，在水被加热的过程中温水上升，冷水下降，防止橡胶材料被加热变薄，这个不断的冷热水交替过程可以防止气球在火焰上方爆炸。只有当火焰的热量大于水从橡胶中传导热量的能力时，气球才会爆炸——但这可能需要几分钟，取决于气球里有多少水。

### 更进一步

» 如果你在气球里装的是热水，实验还会成功吗？
» 装了一半水的气球和装满了水的气球对实验结果有影响吗？

第七部分

# 化学反应实验

REACTION EXPERIMENTS

# RAISING RAISINS
# 上升的 葡萄干

通常葡萄干在水里会下沉，但是通过这种产生气体的化学反应，你可以利用气泡的力量让葡萄干浮到水面上。

## 工具和原料

· 1个透明的杯子
· 汤匙
· 热水

· 5 颗葡萄干
· 10 g（2 茶匙）小苏打
· 白醋

## 实验步骤

1. 往杯子里倒入一半的热水。

2. 把葡萄干加到水里，观察葡萄干在水里的变化。

3. 往水里加入小苏打，缓慢地搅拌。

4. 观察葡萄干有什么变化。

5. 在杯子里加满白醋。观察葡萄干的变化。你会看到葡萄干在杯子里上升后又下沉。

## 背后的科学

　　密度是物质的一种属性，它决定物质在水里是漂浮还是下沉。葡萄干的密度比水大，所以它在装满水的玻璃杯里会下沉。醋是酸性的，小苏打是碱性的，当醋和小苏打混合在一起时，它们会产生一种叫作二氧化碳的气体，并以小气泡的形式释放出来。气泡比水的密度小，所以它们会上升到玻璃杯的顶部。因为葡萄干表面有褶皱，凹凸不平，一些气泡会被困在这些褶皱里，这就增加了葡萄干 / 气泡在水中所占的空间或体积。如果有足够多的气泡被困在葡萄干的褶皱里，葡萄干 / 气泡的密度就会比水小，葡萄干就会浮起来。当葡萄干到达顶部时，气泡破裂，由于葡萄干的密度比水的密度大，所以它又沉到了杯子底部。这就是气泡科学的力量！

## 更进一步

» 为什么这个实验要用热水？用冷水行吗？

» 冒完气泡后会发生什么？有其他办法来产生更多的气泡吗？

» 这个实验用其他冒泡的液体也能完成吗？比如冒泡的苏打水？

# 弹跳的鸡蛋 BOUNCY EGGS

通常当你把鸡蛋扔到地上时，鸡蛋会破裂。但在这个实验里，你把鸡蛋扔到地上，它会从地上弹起来。

## 工具和原料

· 玻璃杯或玻璃罐
· 鸡蛋
· 白醋
· 水

## 实验步骤

1. 将鸡蛋放入杯中，加入白醋，直到鸡蛋完全浸入到白醋里。
2. 盖上杯盖或密封瓶口，防止醋挥发。
3. 将鸡蛋在醋里放置 4 天，观察鸡蛋外观的变化。
4. 把鸡蛋从杯子里拿出来，用清水冲洗干净，然后小心地剥去蛋壳。
5. 轻轻地挤压鸡蛋，留意一下鸡蛋摸起来弹性怎么样。
6. 把鸡蛋从离桌面 5 cm 高的地方扔下去——你会看到鸡蛋像一个弹力球一样弹起来！

## 背后的科学

　　鸡蛋壳是由碳酸钙组成的，非常脆，很容易破裂。当鸡蛋浸没在白醋里，蛋壳表面会形成二氧化碳气泡，这些气泡是由白醋里的酸与蛋壳里的碳酸钙发生化学反应产生的，同时蛋壳会逐渐溶解。一旦蛋壳完全溶解，鸡蛋就不再受蛋壳保护，会开始吸收醋。鸡蛋是由在酸性或加热条件下可变性的蛋白质组成的。煮鸡蛋的过程就发生了蛋白质变性，鸡蛋里的蛋白质从可流动、透明的液体变成白色固体。醋也可以做同样的事情，它可以把鸡蛋的外层变成半透明的、有弹性的固体，这种固体足够坚硬，可以使鸡蛋掉在地上而不破裂。

## 更进一步

» 如果你用一个熟鸡蛋而不是生鸡蛋做这个实验会发生什么？
» 你能从多高的地方扔下鸡蛋还能不破裂？这个鸡蛋里面还像正常的鸡蛋一样吗？
» 鸡蛋泡过白醋后，大小有没有发生变化？
» 把鸡蛋泡在其他液体里也能有相同的效果吗？

鸡蛋壳是由碳酸钙组成的

非常脆，很容易破裂

当鸡蛋浸没在白醋里

蛋壳表面会形成二氧化碳气泡

这些气泡是由白醋里的酸与蛋壳里的碳酸钙

发生化学反应产生的

同时蛋壳会逐渐溶解

在这个有趣的实验里，你可以把骨头打成一个结，还能了解为什么钙对骨头来说如此重要。

### 工具和原料

· 带盖的罐子　　　　　　　　　　　　· 醋
· 鸡腿骨

### 实验步骤

1. 用自来水冲洗骨头，刮掉骨头上所残留的肉。

2. 拿着骨头的两端试着掰弯骨头，留意一下这有多难。

3. 把骨头放在罐子里，倒满醋，封好罐子。

4. 骨头放在罐子里，放置 7 天。

5. 7 天后把骨头从罐子里取出来，用水冲洗。

6. 试着掰弯骨头，留意一下这次是不是比上次更容易。

### 背后的科学

　　骨头由坚硬的矿物质和像胶原蛋白这样坚韧又有弹性的蛋白质组成。正是这两种物质使骨头不仅坚硬，而且还能在不碎裂的情况下发生弯曲。钙是一种矿物质，可以增强骨头强度。这就是为什么婴儿在成长过程中需要大量富含钙的牛奶来强化骨头。醋是一种酸性液体，其酸性足够溶解骨头中的钙，使骨头不那么僵硬。随着骨头中胶原蛋白含量增多，骨头可以从坚硬状态变得柔韧而有弹性。

　　结构和性能之间的关系对工程师来说非常重要，在设计像骨头一样既坚固又轻便的结构时也是必不可少的。

### 更进一步

» 这个实验是不是也能用其他酸性物质替代醋，比如柠檬汁或碳酸饮料？

» 你认为骨头的大小会影响醋溶解钙的时间吗？

» 如果你把骨头放到富含钙的液体里，比如说牛奶里，会让骨头变得更坚硬吗？

# 漂浮的鸡蛋
## FLOATING EGGS

密度决定了物体能否漂浮。你可能已经注意到在海里比在游泳池里更容易漂浮，这是因为海水中的盐使水的密度更大。这个实验展示了通过改变水的密度，让下沉的鸡蛋漂浮起来的过程。

## 工具和原料

· 1 个高的透明杯子
· 汤匙
· 水

· 1 个鸡蛋
· 盐

## 实验步骤

1. 把鸡蛋放进杯子里。

2. 往杯子里倒入水，直到鸡蛋完全被水浸没。

3. 注意鸡蛋是漂浮还是下沉。

4. 小心地用汤匙取出鸡蛋。

5. 在水里加入 2 汤匙盐，搅拌直到溶解。

6. 重新把鸡蛋放到杯子里，观察鸡蛋是漂浮还是下沉。

7. 如果鸡蛋还是像第 3 步一样下沉，就取出鸡蛋，继续加 2 汤匙盐。

8. 重复以上步骤，留意一下需要加多少盐才能使鸡蛋漂浮。

## 背后的科学

　　密度是衡量一定空间或体积中有多少物质的一种物质属性，给定体积中包含的物质越多，密度就越大。

　　当在水里加入盐，水会变得更稠密，这意味着相同体积的水里含有更多的物质。简单地说，由于水中溶解了额外的盐，但水没有占据更多的空间，溶解了盐之后，水就变得更重。盐加得越多，水就变得越重或密度越大。

　　当物体的密度小于它们所处的液体时，它们就会漂浮起来。

　　在实验开始的时候，鸡蛋比水的密度大，所以它会下沉。当在水里加入盐，水的密度会增加。最终，当水的密度超过鸡蛋的密度时，鸡蛋就会漂浮起来。

　　海水含有盐分，比淡水密度高。这就是为什么一个人浮在海里比在游泳池里更容易。

## 更进一步

» 你能在水里溶解其他物质使鸡蛋漂浮吗？

» 有什么其他物品能在水里漂浮？为什么它们能漂浮在水里？

» 当你搅拌盐水时，水会有什么不一样吗？

» 水的温度会对加盐量有影响吗？

在实验的开始
鸡蛋的密度比水大
所以鸡蛋会下沉

当水里加入盐后
水的密度变得比鸡蛋大
所以鸡蛋就上浮

# 黏糊糊的
## STICKY ICE

在寒冷天气里，人们会在路面上撒盐来融化路面上的冰。这个实验也用同样的原理来融化冰块，你可以用一根绳子拎起冰块。

### 工具和原料

· 1个盘子
· 1根大约30 cm长的绳子
· 计时器
· 冰块
· 5 g（1茶匙）盐

### 实验步骤

1. 在盘子中间放入一块冰块。
2. 把绳子放到冰块上方，停留30秒。
3. 试着用绳子拎起冰块，冰块会黏在绳子上吗？
4. 在冰块上方洒一些盐，等待30秒。
5. 拎起绳子的两端，你会发现冰块能够黏在绳子上，你能从盘子上拎起冰块。

### 背后的科学

通常，温度在0 ℃时，冰会融化，水会结成冰。但是，盐降低了冰融化和水结冰的温度。往冰块上加盐，会让绳子周围的冰开始融化，新融化的水能在绳子上面流动并重新结成冰。这就会将绳子困在一层新结的冰里，你就能提着绳子把冰块从盘子上拎起来。

压力也能使冰在较低的温度下融化。这就是溜冰鞋能在溜冰场里滑行的原因。当溜冰鞋的刀刃向下推时，来自刀刃的压力会使冰面融化，使刀刃在一层薄薄的水上滑行，这样溜冰者就可以滑冰了！

### 更进一步

» 你能在一根绳子上拎起更多冰块吗？
» 如果你有不同的盐，比如岩盐或海盐，它们也能融化冰吗？
» 你能用其他像绳子的东西（比如橡皮筋或者头发）拎起冰块吗？

# 泡沫打气筒
## BUBBLY INFLATOR

吹气球可以不用嘴吗？试试用能产生气体的化学反应来吹气球。

## 工具和原料

· 小塑料瓶
· 气球
· 纸

· 透明胶或其他胶带
· 120 mL（半杯）醋
· 15 g（3 茶匙）小苏打

## 实验步骤

1. 往塑料瓶里倒入醋。
2. 把气球吹大再放气，反复几次，让气球充分拉长。
3. 把纸卷成漏斗状，一端是一个小孔，另一端是一个大孔，并用胶带固定。
4. 让一个人拿着气球的吹气口，另一个人用纸做的漏斗把小苏打倒入气球。
5. 把气球的吹气口拧起来封住，让小苏打留在气球里。然后小心地将气球的吹气口套在塑料瓶的瓶口，注意不要让小苏打掉进瓶子里。
6. 把气球（里面放有小苏打）挂在瓶子的一边。
7. 用胶带把瓶子固定在一个固体表面，这样瓶子就不会掉下来，或者让一个人牢牢抓住气球。
8. 当你准备好了，就举起气球，让小苏打从气球掉到装着醋的瓶子里。
9. 观察醋和小苏打混合时产生的气泡，你会看到气球开始膨胀。

## 背后的科学

　　当醋和小苏打混合时会发生化学反应，生成二氧化碳气体。化学反应就是两种或两种以上物质混合在一起产生新物质。在这个化学反应里，醋（一种酸）和小苏打（一种碱）发生反应，产生二氧化碳气体、水和第三种叫作醋酸钠的化学物质。

　　这个反应生成的气体比一开始的液体和固体占据更多的空间，也就是体积变大。结果，气体被从瓶子里挤出来，开始填满气球里的空间。随着气体的不断产生，气球会膨胀，以增加气球里的空间。

　　当气球在实验前被吹大后，由聚合物材料制成的气球被充分拉伸，使气球更容易充气，只需瓶子内化学反应形成的少量气体就可以把气球吹大。

## 更进一步

» 如果你在加入小苏打之前没有吹大气球，而是抚平气球，会发生什么呢？
» 如果你把醋和小苏打粉的量加倍，气球会变成原来的两倍大吗？
» 这个实验可以用其他酸性液体（比如柠檬汁）代替吗？
» 旋转瓶子使小苏打和醋混合，这会影响气球的大小吗？

当醋和小·苏打混合在一起
就会发生产生二氧化碳气体的化学反应

第八部分

# 声学
# 实验

## SOUND EXPERIMENTS

**杯子里的"小鸡"**

CHICKEN IN A CUP

用这个有趣又容易制作的工具可以很容易地恶作剧，让人误以为你房间里有一只鸡，因为它听起来太像鸡叫声了。

### 工具和原料

· 塑料水杯
· 40 cm 长的羊毛线、纱线或棉线
· 木制烤肉叉

· 纸巾
· 剪刀
· 水

### 实验步骤

1. 小心地在杯子底部的中央打一个洞，这个洞要大到可以让绳子穿进去。
2. 把绳子的一端系在木制烤肉叉的中间。
3. 把绳子的另一端从杯子的外面穿过杯底的洞，然后再穿过杯子的中心。
4. 把纸巾折叠 4 次，浸泡在水里，捞起来挤出多余的水。
5. 用一只手紧紧握住杯子，用湿纸巾包好靠近杯口的绳子。
6. 用纸巾挤压绳子并向下拉，轻轻地抽动，这样纸巾就能顺着绳子滑下来。
7. 仔细听，每一下抽动都听起来像鸡叫声。

### 背后的科学

我们听到的声音是由声波产生的，而声波是由于空气振动产生的。当湿纸巾拉过绳子时，摩擦力或运动的滑动力会产生振动。由于弦上的振动太小，所以我们通常听不到，但杯子会接收弦的振动并放大，使声音大到能让我们听到。

这种放大理论也被用于乐器，如木制钢琴和吉他。木头就像一个音箱，能让乐器的声音更大。

### 更进一步

» 如果你用其他尺寸的杯子会发生什么？
» 如果纸巾是干燥的，这个实验还能成功吗？
» 如果你改变了绳子的材质，声音会不一样吗？

# 会"唱歌"的绳子
## RINGING STRING )))绳子)))

这个实验能让你听到周围人都听不到的神秘锣声，这要归功于声音从固体传播的特点。

## 工具和原料

· 两个金属勺                    · 120 cm 长的绳子

## 实验步骤

1. 把绳子从中间对折。

2. 把绳子的中间绑在一个金属勺把手的顶部，打个结，固定住绳子。

3. 把绳子的一端绕在食指上，另一端绕在另一只手的食指上，这样勺子就可以在你身体中间摇摆。

4. 让别人用另一个金属勺子轻轻敲打吊着的勺子，听听产生的声音。

5. 用你绕着绳子的手指按住耳朵，就像为了避免噪声堵住耳朵一样，确保勺子能在你腰部附近自由挂着。

6. 请人用另一个金属勺轻轻地敲打挂着的金属勺。听听从绳子那里传出来的声音。听起来会不一样吗？

## 背后的科学

当两个勺子互相撞击时，会发生振动，产生声波。这些声波通过空气传播，同时也直接沿着绳子传到你的耳朵里。因为在固体中声音振动传播的效果比在空气中传播的效果要好，所以沿着绳子传到你耳朵里的声波比通过空气传到耳朵里的声波更容易被听到。

你听到的声音会随着使用的金属勺子的大小而改变，不同大小的勺子会产生不同波长的声音，这是因为组成勺子的原子振动不同。声音的大小也会随着勺子敲击的力度而变化。敲击得越重，产生的声波振幅就越大，音量也就越大。

改变勺子和耳朵之间绳子的长度也会改变你听到的声音的高低。物体振动得越快，声音的音调就越高。较短的绳子比较长的绳子振动得更快，所以当你缩短绳子的长度时，勺子撞击发出的声音会有较高的音高，而当你拉长绳子时，音高会降低。

## 更进一步

» 当你用一个木勺敲击一个金属勺时，声音会发生什么变化？如果换成两个木勺呢？你认为勺子的材质为什么会改变声音？

» 把绳子在手指上多绕几圈，听两个勺子敲击发出的声音。听起来不一样吗？你认为这是为什么？

» 如果你用的是金属叉子而不是金属勺子，产生的声音是一样的吗？

» 享受使用声音传递"秘密"的乐趣。在绳子的两端各绑一个塑料杯。保持绳子绷紧，当别人对着另一只杯子小声说话时，把杯子放在耳朵边，看能不能听清别人说的悄悄话。

# 音乐吸管
## MUSICAL STRAWS

只要一根吸管和肺部力量就能制作属于你的乐器！

### 工具和原料

· 吸管
· 剪刀
· 钢笔
· 尺子

### 实验步骤

1. 把吸管的一端压扁。
2. 用钢笔在离吸管顶部处 2 cm 的地方做个记号。
3. 从做记号的地方开始，用剪刀把吸管顶部的角剪掉，形成一个尖头（见插图）。
4. 把吸管两端撑开，这样它们就不会粘在一起了。抿紧你的嘴唇，把嘴放在吸管上你开始剪的 2 cm 记号处。
5. 试着吹吸管。
6. 如果你没有听到任何声音，试着让你的嘴唇远离吸管的末端，并改变你吹的力度。
7. 一旦你发出声音，就把吸管末端剪短一点，看看声音是否会发生变化。

### 背后的科学

　　我们会听到声音是因为振动能以声波的形式在空气中传播。把吸管末端变得又长又薄可以让空气流过吸管时，更容易产生振动。当吸管末端振动时，这会导致吸管内部的空气也发生振动。这种振动会产生声波，声波会被我们耳朵里的细胞探测到。吹吸管时发出的声音有点像鸭子的叫声。较长的吸管会产生较低的音高，因为较长的声波音调较低。通过缩短吸管末端的长度，你可以改变声音的音高。

### 更进一步

» 如果你在距离吸管末端较长（3 cm）或较短（1 cm）的地方剪下，声音会发生什么变化？
» 你认为这会如何改变吸管的振动方式？
» 如果你吹吸管的另一端还会有声音吗？如果没有声音，为什么呢？
» 如果你在吸管中间剪出一些小洞，发出的声音会有变化吗？
» 当你用手指盖住这些洞，并同时吹吸管，会发生什么？
» 为什么你认为吸管上的洞会改变吸管发出的声音呢？

沿着标记的线剪开

2 cm

第九部分

# 表面实验

## SURFACTANT EXPERIMENTS

SOAP POWERED BOAT

# 肥皂驱动的船

惊奇地看着一艘船在没有任何动力的情况下，只靠表面张力就能在水面上快速行驶。

## 工具和原料

· 聚苯乙烯泡沫塑料托盘或纸板
· 浅盘子或碟子
· 剪刀
· 牙签
· 水
· 洗洁精

## 实验步骤

1. 在盘子里倒上干净的水。
2. 将泡沫盘或纸板切成如图所示的船。
3. 把牙签蘸到洗洁精里，再用牙签在船尾的凹槽上涂一层洗洁精。
4. 小心地把船放在水面上，看着它快速地划过水面。
5. 如果你想重复这个实验，就要把盘子里的水换成干净的水。

## 背后的科学

　　表面张力是指水表面上的水分子由于相互吸引而形成强大可弯曲表面的现象。正是这种表面张力使船能够浮在水面上。表面张力也有助于昆虫在池塘表面上行走。

　　洗洁精和肥皂都是表面活性剂，这意味着它们可以通过破坏水分子的排列方式来改变水的表面张力。当表面张力在船尾处发生变化时，水分子会从低表面张力的区域移动到高表面张力的区域。这就产生了足够的力量，能够让船在水面上向高表面张力的区域移动。这就是所谓的马朗戈尼效应。

## 更进一步

» 如果你准备的是热水而不是冷水，小船的速度会变快吗？为什么你会这么认为呢？
» 如果你用洗手液代替洗洁精，小船还会运动吗？
» 如果你用同样的一盘水重复实验，为什么你认为实验不会成功？

# 大理石 奶
## MARBLED MILK

看看一件美丽动人的"食品艺术"作品是如何在你眼前发生变化的，这要感谢洗洁精的力量，它能打破牛奶的表面张力。

## 工具和原料

- 盘子
- 棉签
- 牛奶
- 洗洁精
- 食用色素（两种或两种以上的颜色）

## 实验步骤

1. 在盘子里倒入足够的牛奶，要能盖住盘子底部。
2. 小心地在牛奶表面滴几滴食用色素。
3. 用不同颜色的色素在牛奶表面多滴几次，创造出波点效果。注意食用色素是如何漂浮的。
4. 把棉签浸入洗洁精中，然后把它放在盘子中央，尽量保持棉签不动。
5. 观察食用色素是如何旋转并创造出动人艺术的。
6. 再次将棉签浸入洗洁精中，并将棉签放到盘子的不同区域。
7. 重复以上步骤，直到颜色停止旋转。

## 背后的科学

　　牛奶主要由水组成，但也含有蛋白质和脂肪。由于油和水不能混合，脂肪被储存在牛奶中的小水滴。倒出的牛奶会在一种叫作表面张力的作用力下使牛奶在盘子里保持成整体，表面张力也就是使牛奶中各种分子黏在一起的作用力。

　　当把食用色素滴入牛奶时，可以看到它们是漂浮在牛奶表面而不是沉入底部。这是因为食用色素的密度比牛奶低，而洗洁精的作用是分解盘子上的油脂和脂肪，它也能分解牛奶中的脂肪分子。洗洁精打破了表面张力，将牛奶凝聚在一起的表面张力使得牛奶远离由洗洁精造成的断裂处——有点像气球爆炸。当食用色素漂浮在牛奶上时，它会随着表面一起移动并远离洗洁精。当洗洁精和牛奶混合均匀时，流速就会减慢，但只要再加一滴洗洁精就可以重复这个过程了。

## 更进一步

» 如果你用其他乳制品，比如脂肪含量更高的奶油，会发生什么？
» 如果你在牛奶的不同位置使用两滴洗洁精，其流动模式是否相同？
» 牛奶的温度会改变色素的流速吗？如果会，这是为什么？

由于食用色素的密度比牛奶小,
所以它能漂浮在牛奶表面而不是沉到底部

SHOWER CAKES

# 肥皂蛋糕

个人定制、科学制造的肥皂蛋糕会让你的沐浴时间更有趣！

## 工具和原料

· 硅胶松饼罐或小的圆柱形塑料容器

· 3 g（1茶匙）明胶

· 60 mL（$\frac{1}{4}$ 杯）热水

· 85 g（半杯）肥皂

· 1滴食用色素

· 1滴橄榄油

## 实验步骤

1. 将开水倒入碗中，加入明胶，搅拌直至完全溶解。

2. 往碗里面加入橄榄油和食用色素。

3. 将肥皂磨碎，放入碗中，轻轻搅拌混合。

4. 小心地将混合物倒入硅胶松饼罐或塑料容器中。

5. 把混合物放进冰箱冷藏3小时。

6. 下次洗澡时使用自己制作的肥皂"蛋糕"。

7. 把"蛋糕"储存在密闭容器内，防止挥发。

## 背后的科学

　　明胶是由卷曲的蛋白质组成的，这些蛋白质加热到100 ℃时不分解也不变性，非常独特。当明胶溶解在热水中时，蛋白质链就会分散并伸展开来，漂浮在水中。当水冷却时，明胶链又开始缠绕起来，但它们会与其他明胶链缠结在一起，通过称为氢键的弱化学键将部分水分子困在它们的缠绕结构中，这个过程叫作交联。缠绕的结果就是水被困在明胶分子之间，不能自由移动，从而使混合物从液体变成凝胶。当你在淋浴时，把凝胶涂抹在皮肤上，摩擦力会让肥皂和水从凝胶中释放到你的身体上。

## 更进一步

» 当你在热水中加入过多或过少的明胶会发生什么？肥皂"蛋糕"的结构是如何变化的？你认为这是为什么？

» 你能在"蛋糕"里加一些其他的成分吗？比如闪光剂或者薄荷油，使肥皂"蛋糕"闪光或更香。

» 如果你不把"蛋糕"放在一个密闭的容器里会发生什么？你觉得为什么会这样？

肥皂分子有一个疏水末端
会吸引灰尘和油脂
也有一个亲水末端
可以插入水中

BOUNCING BUBBLES
# 会弹跳的 泡沫

每个人都喜欢泡泡，但是当你试图抓住泡泡时，它们通常会破裂。这个实验用糖和袜子帮助你弹起泡泡，并用手抓住它们！

## 工具和原料

· 用来混合的小碗
· 搅拌用的勺子
· 棉（或毛）袜或手套
· 吸管

· 60 mL（4 汤匙）水
· 30 mL（2 汤匙）糖
· 15 mL（1 汤匙）洗洁精

## 实验步骤

1. 把所有的材料混合在碗里，不断搅拌直到糖溶解。
2. 把吸管的一端浸入溶液中，直到在吸管口形成薄膜。
3. 轻轻地吹吸管的另一端，形成一个泡泡。
4. 用袜子或手套盖住你的手，并摊开手掌。
5. 在空气中吹一个泡泡，用你的手轻轻地拍打泡泡，不要让它破裂。

## 背后的科学

泡泡就是被困在液体薄膜中的空气——气泡越大，里面的空气就越多。构成泡泡外部的液体薄膜主要是水。水分子被分子间力相互吸引——这是分子间相互作用的电磁力。分子间作用力把水分子拉到一起，产生一种叫作表面张力的作用力。

洗洁精降低了水的表面张力，使其具有足够的弹性，可以环绕一个空气球形成一个泡泡。然而，当薄膜被刺穿或薄膜中过多的水蒸发导致薄膜过薄时，泡泡很容易爆裂。糖会和水分子结合，这有助于防止泡泡干燥，使它们持续的时间更长，不会那么快破裂。

通常，如果你触摸一个泡泡，它就会破裂——这是因为你手上的天然油脂打破了泡泡周围水的表面张力。戴上手套或袜子，你就在油和泡泡之间制造了一道屏障，泡泡就能够在不破裂的情况下反弹。

## 更进一步

» 试着把泡沫溶液放在冰箱里过夜。它会改变你能吹出泡泡的大小吗？
» 试着把吸管折成三角形，你能从里面吹出一个三角形的泡泡吗？
» 如果你加更多的糖或更多的洗洁精会发生什么？气泡的质量会改变吗？
» 你认为用热水做泡沫溶液会有效吗？

在纳米女孩实验室，我们相信科学应该为每一个人服务。

我们致力于推广我们相信的项目：通过科学、技术、工程和数学来激发兴趣、教授知识和助人进步的项目。

从米歇尔提出她关于《厨房里的科学魔法小实验》这本书最初想法的那一刻起，我们的团队就被吸引住了，并开始共同致力于这本书的发展。我们很高兴能够和许多优秀的人一起工作，完成这个项目，我很高兴有机会认识那些发挥了关键作用的人，并对他们表示由衷的感谢：

Paul Davis，魔术兔有限公司——摄影及制作管理

Val Davis，魔术兔有限公司——编辑

Quent and Jo Pfiszter，郊区创意有限公司——平面设计

我们纳米女孩实验室的优秀员工不知疲倦地致力于这个项目：

Pauli Sosa, Janet Van, Gabriela Campos Balzat, Katherine Blackburn

我们的志愿者支持团队，进行实验，帮助拍照：

Gaspar Zaragoza, Parie Malhotra.

一群杰出的朋友和经验丰富的顾问，他们非常乐意在我们的第一个出版项目中提供他们的专业知识、灵感和鼓励：

Murray Thom, Wendy Nixon and the Thom Productions team. Martin Bell, James Hurman,

Robin Ince, Ashlee Vance, Nisha Vasavda, Haley Chamberlain Nelson

已故的 Raewyn Davies，杰出的公关人员，一位真正特殊的女士。Raewyn 的专业知识和热情帮助我们推出了这本书，我们的第一本书，取得了巨大的成功。Raewyn 教会了我们很多东西——其中只有一些是关于出版书籍的！

同时也要感谢我们在世界各地出色的测试社区，感谢众筹平台 Kickstarter，以及 1193 名选择支持这个项目的支持者。

感谢纽马克特扶轮社在计划开始时的慷慨资助。

当然，也要感谢我们伟大的家庭，感谢他们孜孜不倦地支持我们大胆的想法：

Val & Paul Davis, Wendy Dickinson, Beth Davis, Amelia McBeth, Lars Eilstrup Rasmussen,

Elomida Visviki & Neneli Visviki-Rasmussen.

纳米女孩实验室的所有人都相信您会喜欢《厨房里的科学魔法小实验》这本书，并希望它能给您和您的家人带来许多时间的探索——以及无与伦比的学习和发现的乐趣——保持对科学的热爱！

*Joseph P. F. Davis*

Joe Davis

执行制片人

纳米女孩实验室有限公司创始人兼首席执行官

书中的模特
THE MODELS

一旦我们写好了食谱，我们就开始和摄影师保罗合作，在镜头前展示动手完成食谱的过程。

感谢每一个为《厨房里的科学魔法小实验》贡献时间、精力和才华的家庭。我们非常感谢你们所有人，感谢你们让我们能够呈现这本充满美妙画面的书，感谢你们在厨房里拍摄科学实验的那些非常愉快的日子！

出现在《厨房里的科学魔法小实验》中的有：

Aya and Ali Al-Chalabi / Vivian, Annal, Dylan and Flynn Chandra /

Val Davis and Amelia McBeth Holden Gabriel / Kate & Zoë Hannah /

Angel Jacobsen / Emily and Connie Lazarte-Simic

Kiri, Awatere, Te Aria and Kaiawa Nathan / Cindy Seaman and Amelia Lockley /

Rudo Tagwireyi and Claire Shoko

Wendy, Amalie and Mieke Thompson / Christine & Hayden Wilson

测试者
THE TESTERS

　　《厨房里的科学魔法小实验》是一本全球合作的书。在我们开始这个项目的时候，我们在社交媒体上询问朋友们是否愿意帮助我们测试食谱。我们一开始以为可能会有5~10位朋友愿意帮忙。感谢网络社区的力量和慷慨，我们的帖子被一次次地分享——在24小时内我们有来自世界各地的2000多名测试人员，愿意帮助我们为这本书测试食谱，把科学带到每个人的身边。

　　致我们全球优秀测试社区的每一位成员

　　——谢谢！如果没有你们，我们做不到这点。你们的试验让我们可以自信地说，这本书里的每一个食谱都很容易完成，而且只用了世界上大多数厨房里都能找到的食材。

其中一些优秀的测试人员有：

Trent, Bethany and Finn Andrew / Ilaria Wright / Isabelle, Lewis and Hazel / Miranda Bull

Emma, Sam and Hannah Rich / Ellie, Katie and Sammie Shimsky / Joe and Spencer Sorge

Laura, Corey, Kyle and Abby Amerman / Owen, Mackey and JD Majewski

Aiden, Audrey and Eliza Stream / Finley and Adrienne Houck / Colart, Indigo and Sonja Miles

Zara, Elise and Simone Dury / Indira Bowden and Mum / Tamsin, Eleanor and Loretta Royson

图书在版编目（CIP）数据

超有趣！厨房里的科学魔法小实验/（英）米歇尔·
迪金森（Michelle Dickinson）著；金悄悄译 . -- 重庆：
重庆大学出版社，2022.6
书名原文：The Kitchen Science Cookbook
ISBN 978-7-5689-3151-9

Ⅰ . ①超… Ⅱ . ①米… ②金… Ⅲ . ①科学实验—儿
童读物 Ⅳ . ① N33-49

中国版本图书馆 CIP 数据核字 (2022) 第 044377 号

版贸核渝字（2019）第 177 号

# 超有趣！厨房里的科学魔法小实验
CHAOYOUQU! CHUFANG LI DE KEXUE MOFA XIAOSHIYAN

[英]米歇尔·迪金森　著

金悄悄　译

策划编辑　王思楠　鲁　黎
责任编辑　文　鹏　蒲长青
责任校对　姜　凤
装帧设计　索　迪
责任印制　张　策
内文制作　常　亭

重庆大学出版社出版发行
出版人：饶帮华
社址：（401331）重庆市沙坪坝区大学城西路 21 号
网址：http://www.cqup.com.cn
印刷：重庆升光电力印务有限公司

开本：787mm×1092mm　1/16　印张：11　字数：207 千
2022 年 6 月第 1 版　　2022 年 6 月第 1 次印刷
ISBN 978-7-5689-3151-9　定价：68.00 元